einzig*art*ig

einzigartig

Naturführer
durch Schleswig-Holstein

Band 2

Herausgegeben vom
Landesamt für Landwirtschaft, Umwelt und ländliche Räume
des Landes Schleswig-Holstein
Abteilung Naturschutz

Wachholtz

Herausgeber:

Landesamt für Landwirtschaft, Umwelt und ländliche Räume des Landes Schleswig-Holstein
Hamburger Chaussee 25, D-24220 Flintbek
Tel.: 04347/704-0

Konzept, Bearbeitung und Redaktion:
Jochen Brumloop und Olav Krasmann
Einführung von Dr. Henning Thiessen

Wir danken für die Unterstützung des Projektes:

Ministerium für Landwirtschaft, Umwelt und ländliche Räume des Landes Schleswig-Holstein

Stiftung Naturschutz Schleswig-Holstein

IB Investitionsbank Schleswig-Holstein

Sparkasse

ISBN 978-3-529-05416-7

1. Auflage 2009

Grußwort

Liebe Leserin, lieber Leser,

nun ist er da, der zweite Band des Naturführers durch Schleswig-Holstein. Ein weiterer Teil unserer schönen Heimat wartet darauf, erkundet zu werden. Diesmal führt Sie die Entdeckungsreise von der Insel Fehmarn zum Speicherkoog in Dithmarschen und von Glücksburg nach Lauenburg. Wie vielfältig Schleswig-Holsteins Landschaft ist, kann man besonders intensiv in den Naturschutzgebieten erleben. Mit ihren einmaligen Lebensräumen und ihrer Artenvielfalt sind sie europaweit bedeutend. Auf den folgenden Seiten erfahren sie alles über diese Naturschätze.

Der vorliegende Band stellt erstmals auch die ehrenamtlichen Betreuer der Naturschutzgebiete sowie die gebietsbetreuenden Naturschutzverbände vor. Diese kümmern sich oftmals jahrzehntelang um die Gebiete. Bei Projekten vor Ort sind sie als erfahrene und sachkundige Partner eine große Unterstützung. Für dieses außerordentliche Engagement ist die Landesregierung sehr dankbar.

Der neue Naturführer durch Schleswig-Holstein macht Lust auf unser vielseitiges Land. Nehmen Sie ihn mit hinaus in Feld, Wald und Wiesen, und erleben Sie die Schönheiten des Nordens.

Viel Spaß beim Lesen wünscht Ihnen

Peter Harry Carstensen
Ministerpräsident des Landes Schleswig-Holstein

EINFÜHRUNG

100 Jahre Betreuung von Naturschutzgebieten

Aus heutiger Sicht kaum vorstellbar, aber noch vor 100 Jahren nutzte man die Natur ganz anders als heute. So spielte die Versorgung direkt aus der freien Natur eine viel größere Rolle – wildlebende Tiere wurden intensiver genutzt und Nahrungskonkurrenten verfolgt – die Tierwelt wurde eingeteilt in nützliche und schädliche Arten.
In den entlegenen Vogelkolonien auf den Inseln und Halligen wurden körbeweise Eier abgesammelt. In Verbindung mit dem wachsenden Tourismus war .z.B. das so genannte „Möwenschießen" in den Brutkolonien ein beliebtes touristisches Angebot. Seeschwalben mit ihren hübschen Federn wurden wie andere bunte Vögel aus aller Welt, zu Damen-Hutschmuck verarbeitet, aus Möwen- und Brandentenbälgen wurden Muffs hergestellt. Die einstmals gewaltigen Brutkolonien der Meeresvögel schrumpften im 19. Jahrhundert rapide und auch anderen Vögeln ging es nicht besser.
Seit Mitte des 19. Jahrhunderts gründeten sich viele lokal wirkende Vogelschutzvereine, später aber formierte sich schließlich in Deutschland der Widerstand gegen die Ausbeutung der Natur deutlicher. 1899 gründete Lina Hähnle den „Bund für Vogelschutz", heute Naturschutzbund Deutschland e.V. (NABU). Sehr schnell wurde erkannt, dass es mit Nistkästen allein nicht getan ist und Schutzgebiete notwendig sind. Die Forderung nach Schutzgebieten in Deutschland wurde auch maßgeblich beeinflusst von der Ausweisung von Nationalparks in Amerika, wie den ersten, 1872 eingerichteten Yellowstone-Park :
Angesichts der dramatischen Situation speziell in den Seevogelbrutgebieten an den deutschen Küsten, schlossen sich dann einflussreiche Personen 1907 in Hamburg zusammen und gründeten den „Verein Jordsand zum Schutze der Seevögel": Der Verein pachtete die kleine Insel Jordsand zwischen Nordsylt und dem Festland, welche damals zu Schleswig-Holstein gehörte und schützte die Vögel durch den Einsatz von Vogelwärtern. Bereits 1909 gelang es dem Verein durch finanzkräftige Spender die Hallig Norderoog für stattliche 12000 Goldmark zu kaufen – eine naturschutzgeschichtliche Großtat. Im gleichen Jahr wurde die Insel Trischen im Dithmarscher Wattenmeer zur „Vogelfreistätte" erklärt .
Vogelwärter, die z.T. viele Jahre auf ihren Inseln in Robinson-Manier an Nord- und Ostsee in anfangs spartanischen Hütten hausten haben viele Seevogelarten vor einem drohenden Aussterben oder Verschwinden bewahrt. Der

Jens Wand 1949 auf Hallig Norderoog

(Foto: Archiv Verein Jordsand)

erste legendäre Vogelwart auf der Hallig Norderoog war Jens Wand, der von 1909 bis zu seinem Tod im Watt 1950 dort im Sommer lebte. Die Vogelbestände nahmen allmählich wieder zu.
Zu den Aufgaben der Vogelwärter gehörte dann aber bereits seit Anfang der zwanziger Jahre auch die Bekämpfung der Möwen, die nach dem starken Rückgang wieder zugenommen hatten und andere Seevögel, vor allem Seeschwalben, zu bedrängen und gefährden schienen. Dieser „gelenkte Seevogelschutz" wurde noch bis in die 1980er Jahre praktiziert, dann aber wegen Zweifel am Sinn und Erfolg der Manipulationen untersagt und eingestellt.

Ausweisung von Naturschutzgebieten

Seit 1920 werden Naturschutzgebiete ausgewiesen. Die beiden ersten Gebiete in Schleswig-Holstein waren 1923 Nordsylt mit dem Ellenbogen und das Morsum-Kliff auf Sylt.
Bis 1942 wurden über 30 weitere Naturschutzgebiete ausgewiesen. 1977 waren es 83 Gebiete mit 0,6% der Landesfläche. Mit Einrichtung einer staatlichen Umweltverwaltung und dem ersten modernen Naturschutzgesetz 1973 wurden Zahl und Fläche auf der Basis einer landesweiten Bestandsaufnahme bis 2009 auf 190 Naturschutzgebiete mit etwa 3% der Landesfläche erhöht.

Lokale Verbände

Neben den großen überregionalen Naturschutzverbänden, die sich weitgehend dem Vogelschutz verschrieben hatten und zunächst schwerpunktmäßig an unseren Küsten aktiv waren, wurden z.B. auf Sylt auch lokale Gruppen oder Einzelpersonen initiativ und übernahmen Verantwortung für den Schutz der Inselnatur. Der Söl´ring Foriining von 1906 übernahm später die Betreuung der großen Dünenlandschaften auf Sylt.
Die Naturschutzgemeinschaft Sylt wurde 1924 gegründet. und betreut die Braderuper Heide und das Morsum Kliff.

Wattenmeerschutz

Die besondere Verantwortung unseres Landes für den Schutz des Wattenmeeres wurde 1985 mit der Ausweisung als Nationalpark bekundet. Die Wegbereiter waren die Naturschutzverbände, maßgeblich die 1963 gegründete „Schutzstation Wattenmeer" Sie übernahm schließlich 1974 die Betreuung des NSG Nordfriesisches Wattenmeer, und wirkt heute weiter im Nationalpark mit etwa 100 Helfern, Zivildienstleistern, und Freiwilligen.in verschiedenen Stationen zum Teil zusammen mit dem WWF und in Kooperation mit dem Nationalparkamt.

Ostseeküste

Auch an unserer Ostseeküste wurden, vor allem aus Gründen des Vogelschutzes frühzeitig schon Naturschutzgebiete ausgewiesen. Auch der Schutz von besonderen Dünenlandschaften und Lagunen war das Ziel . Heute bestehen hier 17 Gebiete, die alle auch für naturkundliche Beobachtungen besonders geeignet sind mit teilweise anspruchsvollen Informationen, z.B. in den vom NABU betreuten Gebiete Wallnau auf Fehmarn, Graswarder/Heiligenhafen und Geltinger Birk..

Schutz von Heiden und Mooren

Neben den Küstengebieten wurden schon in den 30er und 40er Jahren einige kleinflächige Heidegebiete und Binnendünen geschützt, z.B. bei Bark, Bordelum, Lütjenholm, Süderlügum, am Treßsee, bei Löwenstedt, am Rimmelsberg, bei Sorgwohld und bei Kellinghusen. Auch erste Hochmoorrestgebiete, wie das Tetenhusener Moor und Hechtmoor wurden geschützt. Seit den 70er Jahren werden verstärkt Pflegemaßnahmen zum Erhalt der Heiden und zur Regeneration der Hochmoore, insbesondere durch den NABU und z.T. auch den Landesjagdverband zusammen mit den Fachbehörden.durchgeführt. So sind Heidegebiete, offene Binnendünen und Moore heute noch zu erleben.

Amtliche Anerkennung

1973 wurde erstmals vom Land die gesetzliche Grundlage für die Betreuung geschützter Gebiete geschaffen. Damit wurde die jahrzehntelange, erfolgreiche Tätigkeit privater Naturschutzvereine auf eine rechtliche Basis gestellt – und auch eine finanzielle Unterstützung möglich. Die Aufgaben der Betreuung umfassen Beobachtungen, Vorschläge für Schutzmaßnahmen und Öffentlichkeitsarbeit.

Förderung der Betreuungsarbeit

Wo stehen wir heute? Insgesamt werden bisher über 170 Schutzgebiete" betreut.

Das Land Schleswig-Holstein beteiligt sich zu 75 % an den Ausgaben, die im Rahmen der Betreuung anfallen. So wurden 2008 rund 800.000 Euro als Zuwendungen an die betreuenden Vereine gezahlt.

Zukunft

Die Aufgaben und der Aufwand bei der Betreuung unserer Schutzgebiete sind mit wachsender Größe und Anzahl der Gebiete und gestiegenen Ansprüchen, mehr Freizeit und größerer Mobilität mehr geworden. Die meisten Naturschutzgebiete sind zudem heute Teile des europäischen Schutzgebietssystem Natura 2000. Die Betreuung ist nicht überall alleine durch ehrenamtliches Engagement zu leisten. Daher sind in Schleswig-Holstein einige Naturschutzstationen als Außenstellen des Landesamtes eingerichtet worden. Gemeinsam mit den betreuenden Naturschutzverbänden werden die notwendigen Aufgaben, wie Öffentlichkeitsarbeit, Kontakte, naturkundliche Erfassungen und praktische Pflege- und Erhaltungsmaßnahmen in Zusammenarbeit mit den Naturschutzbehörden bei den Kreisen durchgeführt. In der Zukunft wird es noch wichtiger werden, dass der Schutz unser Heimat auch als Chance für die regionale Entwicklung verstanden wird und daher noch mehr lokale Verantwortung übernommen wird. Dabei ist die seit 100 Jahren geleistete Arbeit unserer Naturschutzverbände für den Schutz unserer Natur auch zukünftig unverzichtbar.

Naturkundliche Führungen, wie hier im NSG Graswarder, werden in vielen Schutzgebieten angeboten (Foto: Dürkop)

INHALTSVERZEICHNIS

Allgemeines

Naturschutzgebiete

Anhang

NATURSCHUTZGEBIET „AALBEEK-NIEDERUNG"

Rund 349 ha der Aalbeek-Niederung und des nördlichen Teils vom Hemmelsdorfer See wurden 1984 zum Naturschutzgebiet erklärt. Die Aalbeek-Niederung wurde als **Natura 2000-Gebiet** (FFH- und Vogelschutzgebiet) benannt und gilt damit als ein Schutzgebiet von europäischem Rang. Die Aalbeek-Niederung liegt im Durchschnitt nur 0,30 m über NN. Da der Wasserspiegel der Ostsee etwa dem des Hemmelsdorfer Sees entspricht, ist das Gebiet sehr feucht. Schutzwürdig ist das Gebiet aufgrund seiner seltenen Pflanzengesellschaften, Pflanzenarten und der Bedeutung als **Brut-, Rast- und Überwinterungsgebiet** für viele Vogelarten. Die **extensiv genutzten Grünlandflächen** sind für viele Vögel sehr wichtig, da sie diese zum Brüten und zur Aufzucht der Jungen benötigen.

Eine eiszeitgeprägte Landschaft

Die abschmelzenden Gletscher der letzten Eiszeit hinterließen an der Ostseeküste große Schuttmassen, die vielfach zu Moränenzügen zusammen geschoben wurden. Der als Eiszunge ausgefranste Gletscherrand schuf Täler und Schluchten. Auch die Hemmelsförde wurde von einer solchen Eiszunge ausgehoben. Nachdem die Gletscher abgeschmolzen waren, lag sie lange Zeit trocken, denn der Meeresspiegel der Nacheiszeit lag mindestens 25 m unter dem heutigen Niveau. Als zwischen 5.500 und 3.000 v. Chr. der Meeresspiegel wieder anstieg, wurde das trockene Hemmelsdorfer Tal zur

Verlandungsbereiche am Hemmelsdorfer See (Bew)

wasserführenden Förde. Mit der küstenparallelen Meeresströmung herangetragenes Material lagerte sich am Ausgang der Förde ab und bildete so genannte Nehrungshaken. Später wuchsen diese aus Sand, Kies und Geröll bestehenden Ablagerungen durch Sturmfluten über den Meeresspiegel hinaus und bildeten die für die Ostseeküste typischen Strandwälle. Durch Wind herangeführte Sande wurden diese wiederum überlagert und formten Dünen aus. Der heute 6 km tief ins Land ragende Einschnitt wurde damit von der Ostsee abgeschnitten und bildete den Hemmelsdorfer See, der über die Aalbeek in die Ostsee entwässert. Auf der Binnenseite siedelte sich Vegetation an, die über absterbende Pflanzenreste einen Verlandungsprozess in Gang setzte, der bis heute anhält. Während die gut besiedelbaren Strandwall- und Dünenbereiche vom Menschen bebaut wurden, blieben die organischen Nassböden unbesiedelt.

Intakte ökologische Verhältnisse

Teile der Lagune Hemmelsdorfer See und große Niedermoor-Verlandungsbereiche mit weitgehend intakten ökologischen Verhältnissen kennzeichnen das Naturschutzgebiet Aalbeek-Niederung. Am Uferstreifen erstreckt sich ein bis zu 50 m breiter Röhrichtstreifen aus Schilf und Schmalblättrigem Rohrkolben. Wichtige schilfbewohnende Vogelarten sind Schilfrohrsänger, Rohr- und Schlagschwirl sowie Rohrdommel und Rohrweihe. Es folgt landeinwärts ein schmaler Bruchwaldgürtel, der aufgrund des sehr nassen Untergrundes hier eine geeignete Lebensgrundlage findet. Es wachsen hier überwiegend Schwarzerlen und verschiedene Weidenarten. Vereinzelt oder in kleineren Beständen kommen auch Moorbirke, Faulbaum und Schwarze Johannisbeere vor. Die ebenfalls sehr nassen, am Bruchwaldgürtel angrenzenden Grünlandflächen sind durch menschliche Aktivitäten aus Bruchwäldern hervorgegangen. Auf diesen regelmäßig gemähten Wiesen setzen im zeitigen Frühjahr beispielsweise die Sumpfdotterblume und im Frühsommer der Scharfe Hahnenfuß oder der Grosse Sauer-Ampfer Farbakzente. Außerdem wachsen hier gefährdete Arten, wie die Gelbe Wiesenraute, Groß- und Kleinseggen sowie viele Orchideen. Das häufigere Breitblättrige Knabenkraut steht ebenso auf der Roten Liste wie das seltenere Fleischfarbene Knabenkraut. Durch organische Pflanzenreste bereits höher „aufgewachsene" Flächen werden als Weideland genutzt. Die Grünländereien sind von Knicks, die zum Teil seit langer Zeit nicht mehr auf den Stock gesetzt werden und zu Baumreihen aufgewachsen sind, durchzogen. Ein weiteres wichtiges Biotopelement bilden hier die Kopfweiden.

Wasser im Wald – Wald im Wasser

Die hohen Grundwasserstände in der nur wenige Dezimeter über NN liegenden Aalbeek-Niederung können sich nach Starkregen erhöhen. Dieses Naturereignis tritt insbesondere dann auf, wenn durch länger andauernden Sturm aus Nordost hohe Wasserstände in der Ostsee die großen Niederschlagsmengen aus dem Hemmelsdorfer See und dessen Einzugsgebiet nicht über die Aalbeek abgeleitet werden können. Große Flächenanteile des Naturschutzgebietes können dann überschwemmt sein – ein in Schleswig-Holstein seltenes Naturphänomen.

Das Betreten des Gebietes ist dann nur eingeschränkt möglich. Die zum Verlandungsbereich des Sees gehörenden Erlenbruchwälder sind äußerst wertvoll, denn sie können vielen Pflanzen und Tieren, wie zum Beispiel dem Moorfrosch, Kranich oder Pirol, einen Lebensraum bieten. Typische Pflanzenarten sind beispielsweise Sumpfdotterblume, Schwertlilie, Bitteres Schaumkraut, Walzen-Segge und Rispen-Segge, Gilb- und Blutweiderich, Bittersüßer Nachtschatten und Sumpffarn. In einem Bruchwald bleiben die Bäume in der Form, wie sie durch den Wind umgeweht werden, als absterbende Reste stehen oder liegen, daher der Name. Aus dem dichten, tiefgreifenden Wurzelwerk einer umgekippten Schwarzerle können mehrstämmige Exemplare herauswachsen.

Bittersüßer Nachtschatten (Ver)

Schwertlilien (Bre)

Moorfrosch (Mus)

Reiche Kleintierwelt

Die Aalbeek-Niederung weist eine reiche Kleintierwelt auf. Am auffälligsten sind dabei die Insekten. Eintags- und Steinfliegen schwärmen über das Wasser, an Gräben, Tümpeln und am Seeufer entwickeln sich Libellen. Auch Schmetterlinge, wie Kleiner Fuchs, Distelfalter und Tagpfauenauge fühlen sich hier wohl. Mit Vorliebe entwickeln sich ihre Raupen an Brennesseln. Entsprechend der feuchten Landschaft gibt es eine Reihe von Mückenarten. Die nichtstechenden Zuck- und Bachmücken treten oft in großen Schwärmen auf. Stechende Arten wie Gnitzen, Kriebelmücken und Gemeine Stechmücken treten nur selten in großer Anzahl auf.

Hemmelsdorfer See
Wasser – mal süß, mal salzig

Der Hemmelsdorfer See gliedert sich in ein kleineres, bis zu 700 m breites südliches Becken, das eine Tiefe von etwa 45 m aufweist und damit als tiefste Stelle des deutschen Festlandes gilt. Das größere, bis zu 1.500 m breite nördliche Seebecken ist dahingegen nur bis zu wenige Meter tief und ermöglicht insbesondere im zum Naturschutzgebiet gehörenden Teil Verlandungsprozesse durch Schilfröhrichtwachstum. Das als Strandsee oder auch als Lagune bezeichnete Küstengewässer Hemmelsdorfer See unterliegt natürlicherweise einem wechselnden Salzgehalt (Salinität). Es kann somit salziges, brackiges oder auch ausgesüßtes Wasser vorkommen, an das sich die Pflanzen- und Tierwelt jeweils anpassen muss. Der 460 ha große See entwässert über die Aalbeek in die Ostsee. Ein hier errichtetes Siel verhindert das Eindringen von salzhaltigem Wasser bei Ostsee-Hochwasserständen. Von seiner Wasserqualität her gehört der Hemmelsdorfer See zu den gefährdeten Seen Schleswig-Holsteins. Aus den größeren Zuflüssen Mühlenau, Thuraubek und Spannau sowie aus weiteren kleinen Zuflüssen erhält der See stark bis sehr stark nährstoffbelastetes Wasser. Das Auftreten von Blaualgen und Schaumbildung am Brandungsufer gehören im Sommer bedauerlicherweise zum „normalen" Erscheinungsbild des Sees.

Verlandungsprozess durch Schilfröhrichtwachstum am Hemmelsdorfer See (vdE)

Richtung Timmendorfer Strand
B 76
76
N S G
Aalbeek
Nieder
N
Naturschutzgebiet
„Aalbeek"
Hemmelsdorfer
Niederung
0
600 m
NSG-Grenze
Schutzhütte
Sukzession
Gewässer
Wald / Gehölz / Erlenbruchwald
Information
Grünland
Wanderweg
Röhricht

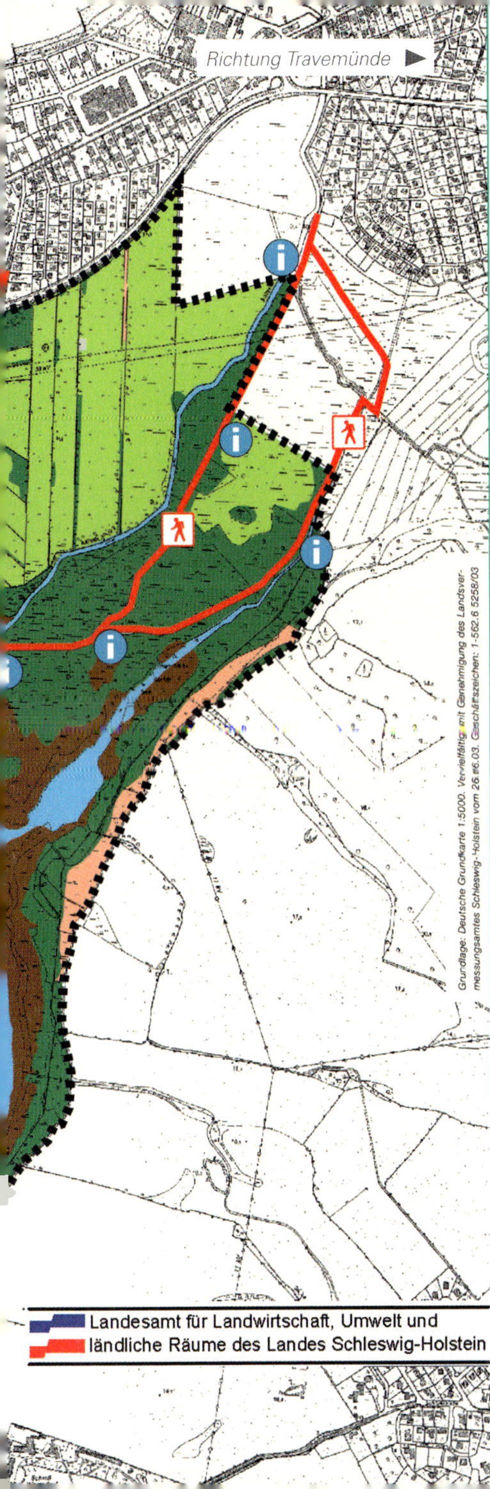

Betreut durch:
Gemeinde
Timmendorfer Strand
Strandallee 42
23669 Timmendorfer Strand
Tel. 04503-807-0

Kontakt vor Ort:
Kreis Ostholstein
Untere Naturschutzbehörde
Lübecker Straße 41
23701 Eutin
Tel. 04521-788-0
mail: info@kreis-ostholstein.de
www.ostholstein.de

Ehemaliger Torfstich mit Wollgras (Ths)

NATURSCHUTZGEBIET „AHRENVIÖLFELDER WESTERMOOR"

Das Ahrenviölfelder Westermoor liegt in der „Flußlandschaft Eider-Treene-Sorge", der moorreichsten Region Schleswig-Holsteins. In der Niederung der Arlau ist das Moor von einer Landschaft umgeben, die landwirtschaftlich intensiv genutzt wird. Bereits 1966 wurde das Ahrenviölfelder Westermoor unter Naturschutz gestellt. Es ist etwa 68 ha groß und Lebensraum zahlreicher Pflanzen und Tierarten, die an **Feuchtgebiete** gebunden sind. Mit der Ausweisung als FFH-Gebiet (Fauna-Flora-Habitat-Gebiet) gehört das Ahrenviölfelder Westermoor zudem zum europäischen Biotopverbund **„Natura 2000"**.

Entwässerung, Torfabbau und die Folgen

Im Ahrenviölfelder Westermoor wurde nach der Entwässerung der Torf nicht in fertigen Torfstücken mit dem Torfspaten gestochen, sondern „gestrichen". Die verschiedenen Moorschichten wurden in einem Holzkasten, dem sogenannten „Moorpott", miteinander vermischt. Das zweistündige Durch-

Durchmischen des Torfes mit Pferden (Pe)

mischen erledigten Pferde. Unter ständiger Wasserzugabe entstand so nach und nach ein dicker Brei. Anschließend karrten Moorarbeiter den Brei mit einer speziellen Moorkarre aus. Auf der Karre lag eine Torfform mit Kästen für 30 Stück Torf. Der Brei wurde in die Form geschaufelt und zum Schluss glatt abgestrichen. Nach dem Trocknen hatte man so einen sehr harten, festen Brennstoff mit Brikettqualität. Durch den bis in die 1960er Jahre andauernden Torfabbau und die Entwässerungsmaßnahmen während der Flurbereinigung ging ein großer Teil der Schönheit und Ursprünglichkeit des Moores verloren. Das Moor trocknete weiträumig aus, die Lebensbedingungen für Pflanzen und Tiere veränderten sich. Schutz- und Pflegemaßnahmen sind notwendig, um den Lebensraum Hochmoor für die charakteristischen Pflanzen- und Tierarten zu erhalten bzw. wiederherzustellen.

Erste Erfolge

Nach und nach zeigen die Pflegemaßnahmen Erfolg. In einigen Bereichen des Moores haben sich Moorlilien und Wollgräser wieder ausgebreitet. Auch der unter Schutz stehende Rundblättrige Sonnentau, der mit seinen klebrigen Drüsenhaaren Insekten fängt, ist im Ahrenviölfelder Westermoor wieder häufiger vertreten. Verschiedene Heidearten, wie die Besenheide und die gefährdete Rosmarinheide mit ihren weit kriechenden Ausläufern, finden hier wieder einen Lebensraum. Zurückgekehrt sind auch Vögel, die auf das Moor angewiesen sind. Ein Beispiel ist die Wiesenweihe, die im Ahrenviölfelder Westermoor ideale Brutmöglichkeiten findet.

Mit den wie Tau glitzernden Tropfen lockt der Rundblättrige Sonnentau Insekten an, um sie dann zu verzehren (Ths)

Wiesenweihe (LLUR)

Erhaltung und Renaturierung

Seit 1983 betreut der Naturschutzverein „Mittleres Nordfriesland" das Naturschutzgebiet. Seitdem werden Maßnahmen zur Erhaltung und Renaturierung durchgeführt. Die wichtigste Maßnahme zur Regeneration des Moores ist die Vernässung. Dies geschieht durch Schließung und Abdichtung von Gräben und Erhöhung des Grundwasserstandes. Wasserstauungen und Pegellatten dienen dazu, die Auswirkungen dieser Maßnahme regelmäßig zu beobachten. Zusätzlich werden weite Bereiche von Gehölzen freigehalten, um den ursprünglich offenen Landschaftscharakter des Moores zu erhalten.

Verdrängungswettbewerb

Nicht zu übersehen sind die großen Pfeifengras- und Gagelstrauchbestände, die ein Zeichen für die Austrocknung des Moores sind. Durch das massenhafte Auftreten dieser Arten werden andere moortypische Pflanzen verdrängt. Auch hier sind neben der Anhebung des Wasserstandes verstärkte Pflegemaßnahmen notwendig, um die ursprünglich regenmoortypische Vegetation wiederherzustellen.

N
NSG-Grenze
Wanderweg
Information
Parken
Hochmoor-entwicklungsstadien
Gewässer
Grünlandbrache / Hochstaudenfluren
Gebüsche / Gehölze
Röhricht
Grünland
K 69
0
150 m
Richtung Ahrenviölfeld

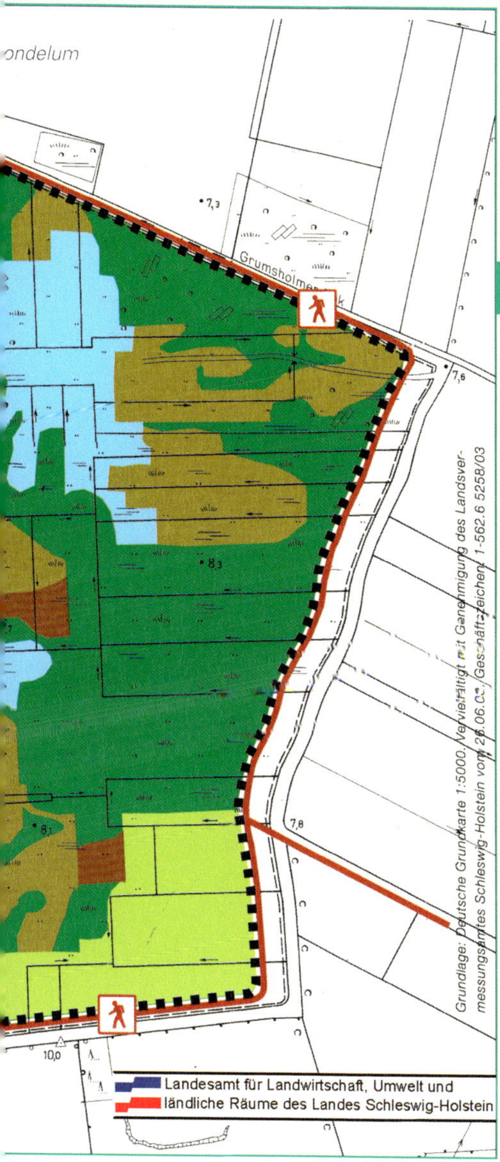

Betreut durch:
Verein für Naturschutz und Landschaftspflege Mittleres Nordfriesland e.V.
z. Hd. Uwe Koch
Schobüller Straße 61
25813 Husum
Tel. 04841 663640

Flußlandschaft
Eider – Treene – Sorge

Kontakt vor Ort:
Integrierte Station
Eider-Treene-Sorge und Westküste
Goosstroot 1
24861 Bergenhusen
Tel. 04885-902064
mail:
naturschutzstation.ets@t-online.de
www.ets-region.de

Kreis Dithmarschen
Untere Naturschutzbehörde
Marktstraße 6
25813 Husum
Tel. 04841 - 67 - 0
mail: info@nordfriesland.de
www.nordfriesland.de

NATURSCHUTZGEBIET „DALBEKSCHLUCHT"

Das 1994 ausgewiesene Naturschutzgebiet „Dalbekschlucht" hat eine Größe von rund 66 ha und begleitet auf einer etwa 2 km langen Strecke die Dalbek auf ihrem „Absturz" von der Hochfläche der Lauenburgischen Geest hinunter zur Elbtal-Niederung. Hier in seinem mittleren Abschnitt hat sich der Bach bei der Überwindung des Höhenunterschiedes von 40 m tief in den Hang des Elbe-Urstromtals eingeschnitten. Der Bach formt in diesem Bereich ausgeprägte **Mäander**, und aus den **Quellen** kleiner Nebentälchen rinnt weiteres Wasser von allen Seiten in die bewaldete **Bachschlucht**. Das Naturschutzgebiet „Dalbekschlucht" ist Teil des Europäischen ökologischen Netzes **„Natura 2000"** (FFH-Gebiet). Am Rande des Elbeurstromtales gelegen, bilden seine **naturnahen Buchenwälder** einen wichtigen Trittstein zwischen den „Besenhorster Sandbergen" (siehe Naturführer Band 1, Seite 32) im Süden, dem „Hohen Elbufer" im Osten und dem Sachsenwald im Norden.

Frühlingsbeginn im Schluchtwald

Im Frühjahr, vor dem Austrieb der Rotbuche, ist der steile Hangwald Licht durchflutet genug, um blütenreiche Teppiche aus Buschwindröschen, Schlüsselblumen, Gelbsternen und mittlerem Lerchensporn hervor zu bringen. Diese Frühlingsblüher bieten vielen Insekten erste Nahrung. Auf den durchrieselten Quellkuppen am Fuß der Hänge blühen dann Milzkräuter, während der immergrüne Winterschachtelhalm das ganze Jahr über sichtbar ist. In dieser Zeit sind auch die zahlreichen im Gebiet brütenden Vögel nicht zu überhören. Dies gilt für Zaunkönig und Singdrossel, aber auch für Kleiber, Schwarz-, Grün- und Buntspecht, die von dem hohen Anteil alter Bäume im Gebiet profitieren. Im Winter halten sich hier auch Bergfinken und Rotdrosseln auf, die im Sommer vorwiegend in Skandinavien brüten.

Frühling in der Bachschlucht (Kai)

Scheiden-Gelbstern (Tor)

Zaunkönig (Kosmos)

Schwarzspecht

Grünspecht

Totholz mit Pilzen (Kai)

Ständige Veränderungen als Schutzziel

Durch die Quellen und das Fließgewässer werden Hangabschnitte unterspült und ausgehöhlt, offener Boden wird freigelegt. Umstürzende Bäume oder Äste, die im Gewässerbett liegen bleiben, zwingen das Gewässer den Verlauf zu ändern. Auch die seitlichen Quellen spülen ständig etwas Boden aus, so dass sie sehr langsam rückwärts zum Außenhang hin weiter „wandern". Deshalb wurde ein Rand aus ehemaligen Ackerflächen mit in das Schutzgebiet einbezogen. Hier können zudem blütenreiche Säume und Gebüsche entstehen und Bäume am Rande große Kronen ausbilden. Alte Bäume, die langsam in sich zusammenfallen, Äste abwerfen oder an den Hängen umkippen und große Wurzelteller aufstellen, bieten viel Raum für neues Leben. Pilze bauen das Holz langsam ab, Schmetterlinge und Käfer saugen an austretenden Säften, in Hohlstellen leben Vögel und Fledermäuse, wie der Große Abendsegler.

Schutz- und Entwicklungsmaßnahmen

Im Talgrund und an den Quellen findet keine forstliche Bewirtschaftung mehr statt, damit die natürlichen Prozesse nicht gestört werden. Zusätzliche Flächen wurden im Rahmen eines Flurbereinigungsverfahrens erworben, die anschließend ebenfalls sich selbst überlassen bleiben können. Von vielen Bewohnern der umliegenden Orte wird das Naturschutzgebiet zur Erholung aufgesucht. Die dynamische Entwicklung des Gebiets soll erlebbar bleiben, aber gleichzeitig so wenig wie möglich gestört werden. Zum Schutz der Vegetation im weichen Waldboden ist es unbedingt nötig, auf den Wegen zu bleiben.

GEOLOGIE DER DALBEKSCHLUCHT

Die Quelle der Dalbek, der „Bornberg" am Südrand des Sachsenwaldes, liegt auf der „Hohen Geest" (Altmoräne), die von der Saale-Eiszeit (vor 200.000 bis 125.000 Jahren) aufgeschüttet wurde. Die nachfolgenden Gletscher der Weichsel-Eiszeit (vor 80.000 bis 15.000 Jahren) haben das Gebiet nicht mehr erreicht. Während der grabenartige Oberlauf bis Kröppelshagen in einer nur flachen Geländemulde liegt, wechselt das Gewässer ab Börnsen seinen Charakter völlig. Eiszeitliches Schmelzwasser und die Gewässer der Nacheiszeit schnitten hier nach und nach eine tiefe Schlucht ein, um die Höhenunterschiede zum Elbtal zu überwinden. Dabei wurden nicht nur Geschiebematerialien der vorletzten Eiszeit ausgeräumt, sondern auch tiefer liegende Schichten aus dem Tertiär (Braunkohlenzeitalter) freigelegt. Dadurch kann der Glimmerton dieser ca. 25 Millionen Jahre alten Meeresablagerungen aus dem Miozän (Jung-Tertiär) betrachtet werden, der an der grauen Schichtung mit darin eingebetteten Muscheln zu erkennen ist. Der vom Wasser ausgespülte Boden wurde schließlich vor den Elb-Steilhang aufgeschüttet und bildet heute einen ausgeprägten sandigen Schwemmfächer im Niedermoor der Elbwiesen. Am Elbhang kommen zwar eine Reihe dieser schmalen Seitentäler vor, in ihnen verlaufen oft jedoch gleichzeitig Straßen zur Elbniederung (so bei Börnsen und im Bistal). Die Dalbekschlucht blieb jedoch nahezu unverändert erhalten.

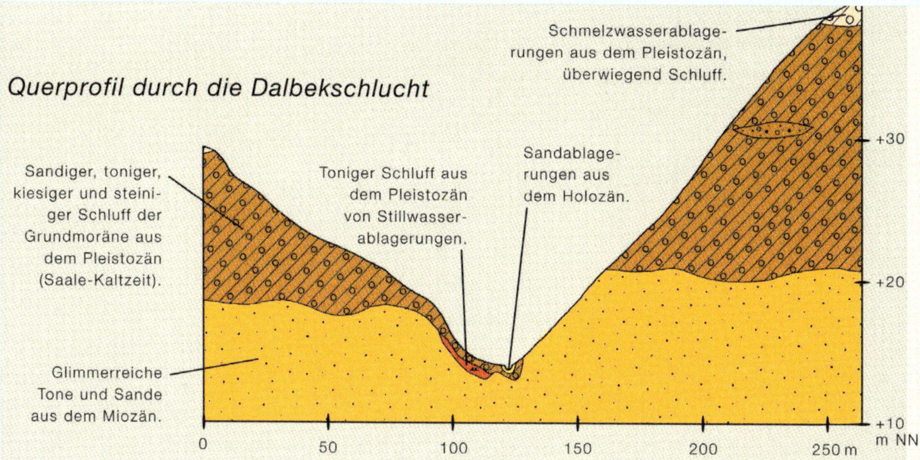

Querprofil durch die Dalbekschlucht

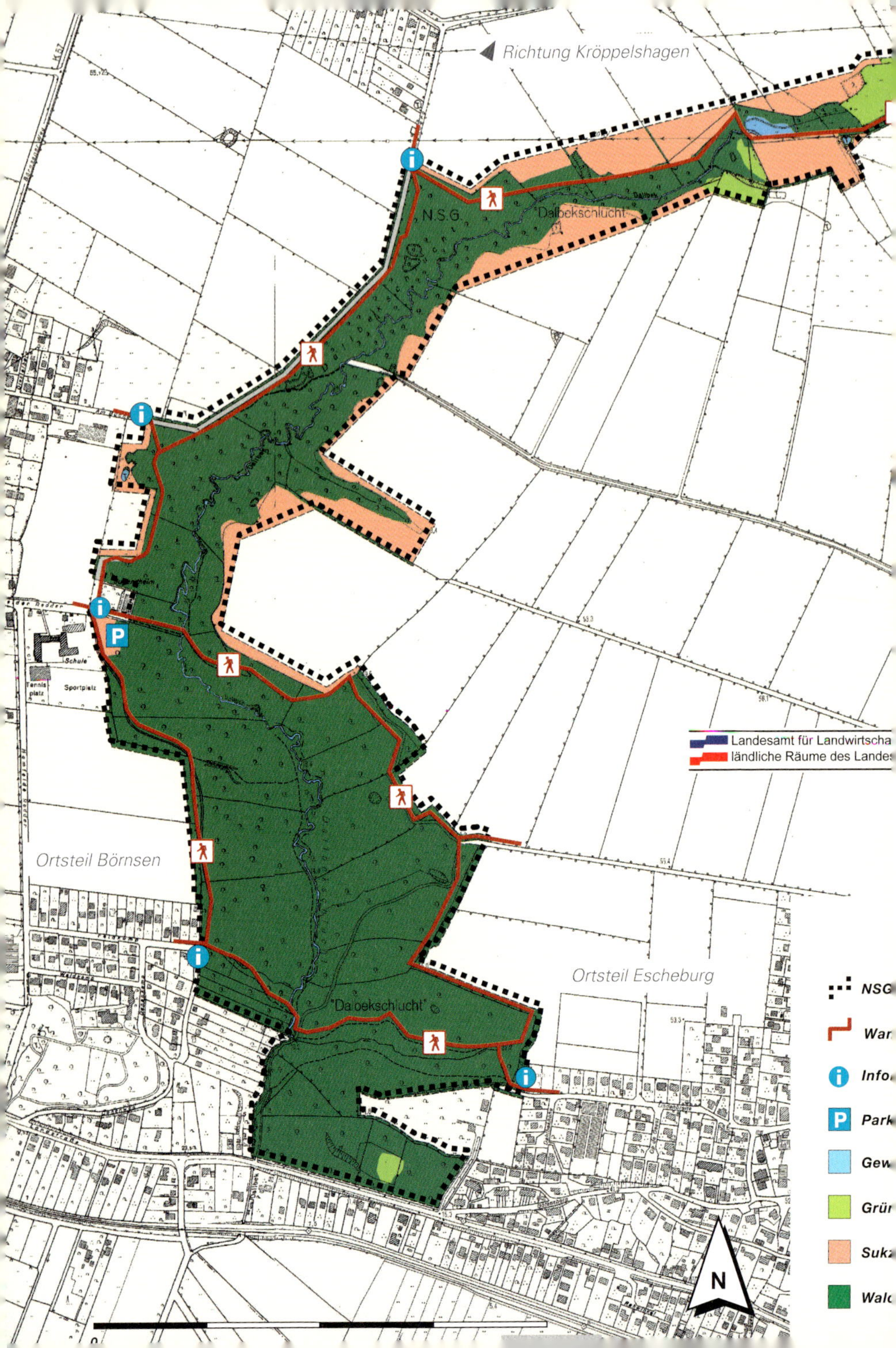
Richtung Kröppelshagen
N.S.G.
"Dalbekschlucht"
Schule
Tennisplatz
Sportplatz
Landesamt für Landwirtscha
ländliche Räume des Landes
Ortsteil Börnsen
Ortsteil Escheburg
"Dalbekschlucht"
NSG
War
Info
Park
Gew
Grün
Sukz
Wald
N

Betreut durch:

BUND
FREUNDE DER ERDE

BUND Schleswig-Holstein
Lerchenstraße 22
24103 Kiel
Tel. 0431 - 66060-0
mail. bund-sh@bund-sh.de

Die Ortsgruppe Börnsen des BUND veranstaltet Rundgänge und Führungen durch den Wald. Bei Interesse melden Sie sich bitte beim Gebietsbetreuer und Naturschutzwart:

Klaus Tormählen
Börnsener Straße 11
21039 Börnsen
Tel. 040-720 3746
mail: tormählen@uni-hamburg.de

Kontakt vor Ort:

Kreis Herzogtum Lauenburg
Untere Naturschutzbehörde
Barlachstraße 2
23909 Ratzeburg
Tel. 04541-888-0
mail: info@kreis-rz.de
www.herzogtum-lauenburg.de

NATURSCHUTZGEBIET "DELLSTEDTER BIRKWILDMOOR"

Das „Dellstedter Birkwildmoor" steht seit 1989 unter Naturschutz. Es umfasst zwei Teilgebiete. Das „Nordermoor" und das „Ostermoor" erreichen zusammen mit dem angrenzenden Feuchtgrünland eine Fläche von 620 Hektar. Durch Entwässerung und Torfstich haben die beiden Hochmoore ihren ursprünglichen Charakter verloren. Nach der Umsetzung von Naturschutzmaßnahmen wie Wiedervernässung und Beweidung beginnen sie sich allmählich wieder naturnah zu entwickeln. Das Naturschutzgebiet ist Bestandteil eines weiträumigen Biotopkomplexes aus **Hoch- und Niedermooren**, **Flachseen und weiteren Feuchtgebieten** in der weiträumigen **Niederungslandschaft der Flüsse Eider, Treene und Sorge**. Wegen seiner für Schleswig-Holstein einzigartigen Größe und Ausprägung ist das Gebiet als Teil des **Natura 2000**-Schutzgebiets-Netzes (FFH-Gebiet und Vogelschutzgebiet) benannt worden.

Ein Bild aus vergangenen Tagen: Birkhähne bei der Balz. Das Kullern – der Balzruf des Birkhahns – war im Moor über mehrere Kilometer weit zu hören. (Nil)

Der Große Brachvogel ist durch seinen langen gebogenen Schnabel unverkennbar. Im Frühjahr klingt sein wehmütig flötender Ruf über die Moore. (Aug)

Die Wald- oder Mooreidechse ist in Europa die einzige Eidechsenart, die voll entwickelte Junge zur Welt bringt. Andere Arten dieser Familie pflanzen sich durch Ablage von Eiern fort. (Zim)

Die Feuchtwiesen sind Lebensraum seltener Arten wie dem Breiblättrigem Knabenkraut. (Ste)

Pflanzen und Tiere

In Hochmooren sind die Lebensbedingungen extrem. Charakteristische Hochmoorpflanzen sind an die sehr nasse und saure Umwelt angepasst und ernähren sich ausschließlich von Nährstoffen, die über das Regenwasser in das Moor gelangen. Zu diesen hochspezialisierten Überlebenskünstlern gehören vor allem Torfmoose aber auch Glockenheide, Besenheide, Sonnentau, Moorlilie und Wollgräser. Auch bei den Tieren finden sich nur wenige Arten, die die besonderen Verhältnisse im Hochmoor überleben können. Hierzu zählen z. B. die Nordische Moosjungfer, die Waldeidechse und die Kreuzotter. Hochmoore sind in Schleswig-Holstein nach der letzten Eiszeit unter dem Einfluss hoher Niederschläge entstanden. Da ihr Wachstum gerade einmal 1 mm pro Jahr beträgt, benötigten sie Jahrtausende um sich auszubreiten. Der Abbau von Torf sowie Entwässerung und Umwandlung in Grünland haben in den letzten zwei Jahrhunderten den ursprünglichen Charakter der beiden Hochmoore verändert und viele typische Moorarten verschwinden lassen. Erst nach der großflächigen Renaturierung des Dellstedter Birkwildmoores finden Großer Brachvogel, Bekassine und Sumpfohreule hier wieder ausreichend Ruhe und Nahrung, um erfolgreich brüten zu können. Das namensgebende Birkhuhn kommt allerdings seit Anfang der 1980er Jahre nicht mehr im Gebiet vor.

Maßnahmen zur Pflege und Entwicklung

Während man früher eine Landschaft nur nach der Nutzbarkeit für den Menschen beurteilte, wird heute der Natur wieder mehr Raum gegeben. Um das Moor vor weiterer Zerstörung zu bewahren und freilebende Tiere zu schützen begann der Landesjagdverband bereits 1954 damit, im Nordermoor Parzellen aufzukaufen. Später beteiligten sich auch die Umweltstiftung WWF sowie die Stiftung Naturschutz Schleswig-Holstein am Flächenerwerb. Nach Aufgabe der Bewirtschaftung werden heute ausschließlich Maßnahmen zur Renaturierung der beiden Moore umgesetzt. Ziel ist die Wiederherstellung eines hochmoortypischen Wasserhaushalts mit einer hohen Wassersättigung des Torfkörpers. Dazu sind alle aus dem Moor führenden Gräben abgedichtet und das Moorzentrum durch eine Verwallung von den tiefer liegenden Moorbereichen abgetrennt. Durch die zusätzliche Vernässung der Randflächen wird der Wasserhaushalt im Hochmoorkern weiter verbessert. Die Bemühungen des Naturschutzes zeigen bereits deutliche Erfolge. Charakteristische Hochmoorpflanzen haben sich wieder ausgebreitet und das Moor beginnt sich zu regenerieren. Die extensive Beweidung der Flächen an der Tielenau mit Robustrindern fördert den Struktur- und Artenreichtum des Grünlandes und verhindert eine Verbuschung oder gar Bewaldung. Der „Runde Tisch Dellstedter Birkwildmoor" setzt sich aus interessierten Bürgerinnen und Bürgern, Vereinen, Verbänden sowie Vertretern der Verwaltung zusammen. Er setzt sich seit vielen Jahren für den Erhalt und die Entwicklung der beiden Moore ein.

Aufgrund der aktuellen Wichtigkeit der Moore für den Klimaschutz, des konsequenten Einsatzes zum Schutz des Dellstedter Moores und aufgrund der Erfolge der Moorrenaturierung ist das Naturschutzgebiet Dellstedter Birkwildmoor zum Naturschutzgebiet des Jahres 2009 erklärt worden. Diese Auszeichnung vom Land Schleswig-Holstein erfolgt 2009 zum ersten Mal und soll danach jährlich vergeben werden.

MOORKULTIVIERUNG UND DIE FOLGEN

Die Kultivierung der beiden Moore begann vor rund 200 Jahren. Auf der Varendorfschen Karte vom Ende des 18. Jahrhunderts sind die Moorflächen in der ursprünglichen Abgrenzung dargestellt. Im Ostermoor begann die systematische Erschließung 1905 mit dem Bau einer Torfstreufabrik, die bis kurz nach Kriegsende in Betrieb war. 1926 wurde das Moorgut Dellstedt eingerichtet. Die Flächen wurden entwässert, um sie als Wiesen zu nutzen. Das Staatsgut wurde ab 1936 privatisiert. Viele der Dellstedter Bauern konnten dabei ihre Höfe durch Ankauf von Moorwiesen vergrößern. Im Nordermoor bauten Hausbesitzer Torf als Brennmaterial ab, Bauern wandelten die Flächen zu Grünland um. Von 1941 bis 1945 wurde die Kultivierung des Moores durch Einsatz von Maschinen und Kriegsgefangener verstärkt. Seit 1978 wird im Moor wieder industriell Torf abgebaut. Entwässerung, Torfentnahme und die Umwandlung in Grünland führen in Hochmooren zu nicht wieder umkehrbaren Veränderungen des ursprünglichen Zustandes:

- Schwache Entwässerung führt zum Verschwinden der charakteristischen Torfmoose, Heiden breiten sich aus.
- Bei fortschreitender Entwässerung verdrängen Pfeifengras, Weiden und Birken alle hochmoortypischen Arten.
- Durch das Austrocknen sackt das Moor um mehrere Dezimeter bis Meter zusammen. Dabei werden große Mengen an klimawirksamen Gasen (Kohlendioxid) freigesetzt.

Mit verschiedenen Torfspaten und Torfstechern („Stieker") löste man die über ziegelsteingroßen Torfsoden von der Bank ab. Das Torfstechen war schwere Handarbeit. (GDel, KPD)

Ausschnitt aus der „Vahrendorfschen Karte" (1789–1796).

- Mit Erdwällen eingekoppeltes Land
- Moor
- Wiese
- Kleine Flüsse oder Auen
- Grenze des heutigen Naturschutzgebietes

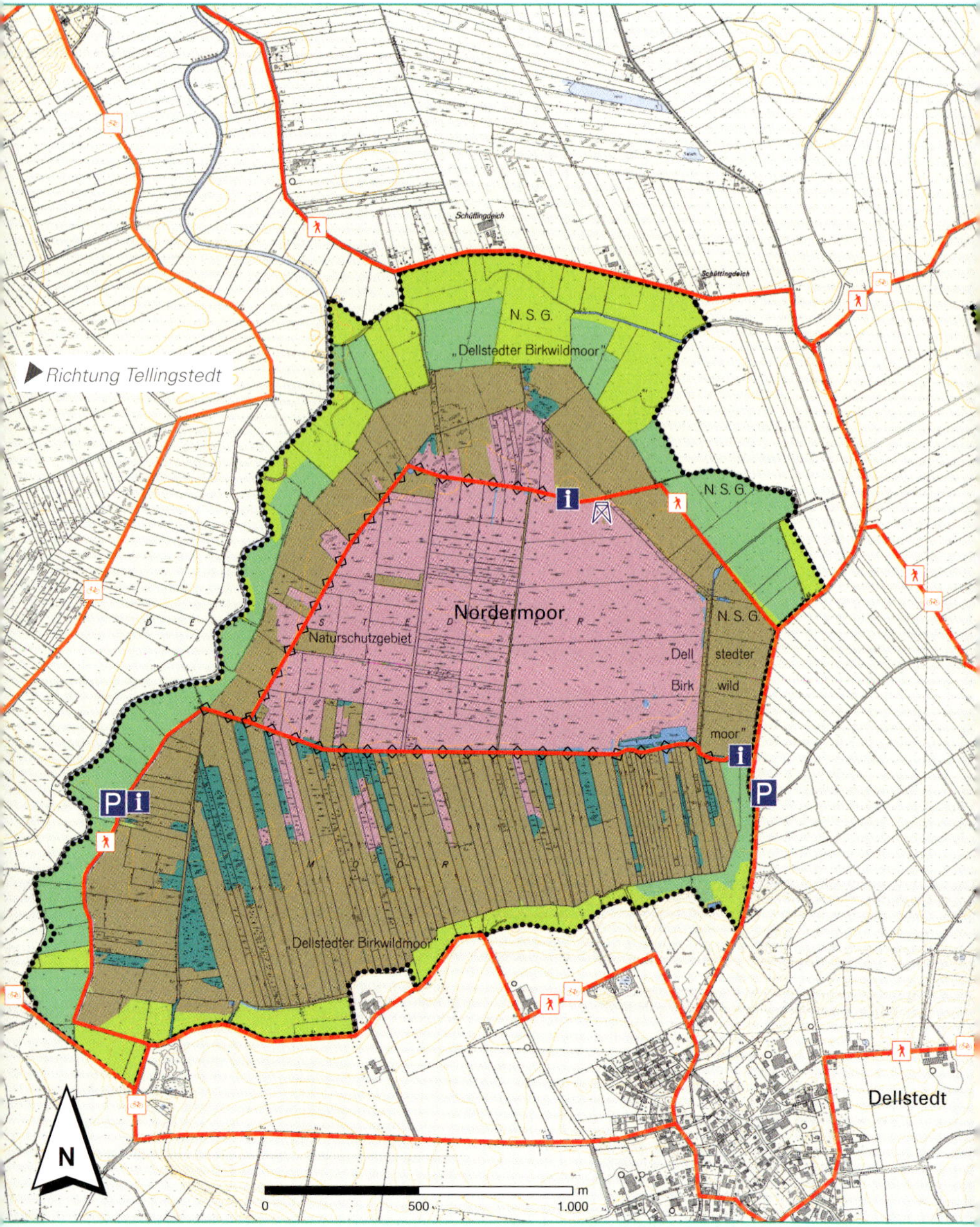
Richtung Tellingstedt
Schüttingdeich
N. S. G.
„Dellstedter Birkwildmoor“
N. S. G.
Nordermoor
Naturschutzgebiet
N. S. G.
„Dell stedter
Birk wild
moor“
„Dellstedter Birkwildmoor“
Dellstedt
N
0
500
1.000
m

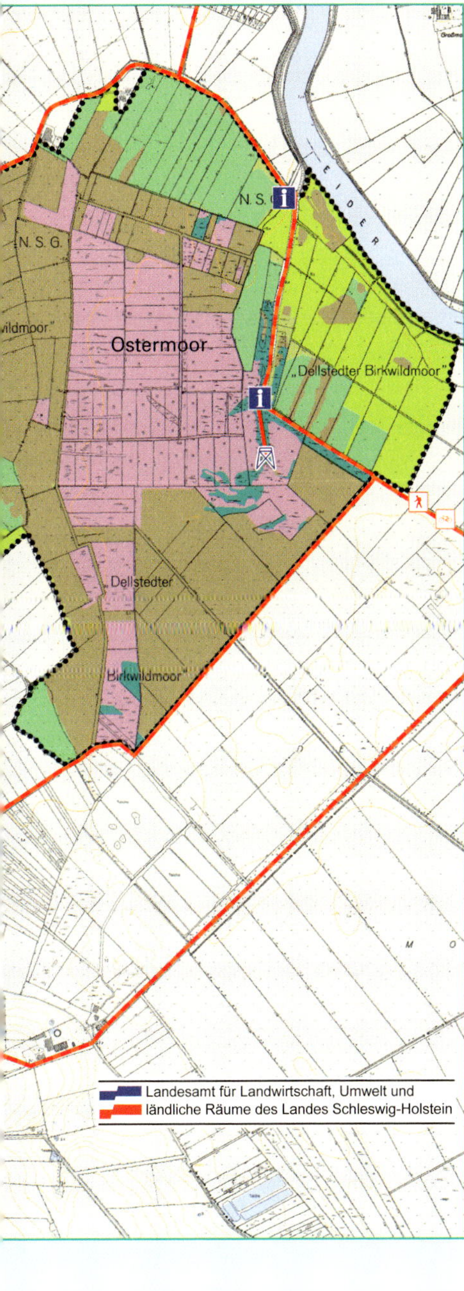

Betreut durch:
Landesjagdverband
Schleswig-Holstein
Böhnhusener Weg 6
24220 Flintbek
Tel. 04347-9087-0;
mail: jagdverband-sh@t-online.de
www.ljv-sh.de

Kontakt vor Ort:
Integrierte Station
Eider-Treene-Sorge und Westküste
Goosstroot 1
24861 Bergenhusen
Tel. 04885-902064; mail:
naturschutzstation.ets@t-online.de
www.ets-region.de

Kreis Dithmarschen
Untere Naturschutzbehörde
Stettiner Straße 30
25746 Heide
Tel. 0481-97-0
mail: info@dithmarschen.de
www.dithmarschen.de

Die Gewässer, von dichter Vegetation umgeben, garantieren Ruhe und Ungestörtheit (Ste)

NATURSCHUTZGEBIET „FIELER MOOR"

Das Naturschutzgebiet „Fieler Moor" umfasst Restflächen eines ehemaligen Hoch- und Übergangsmoores. Die Bedeutung des 1993 ausgewiesenen, 255 Hektar großen Schutzgebietes liegt in der Vielfalt und dem engen Nebeneinander unterschiedlicher naturnaher Lebensräume: **regenerierende Moorstandorte, Bruchwälder, Grünlandbrachen und Gewässer**. Diese sollen sich natürlich und ungestört entwickeln. Die vielen Gewässer sind von Menschenhand künstlich geschaffen. Größere Teilflächen des Naturschutzgebietes werden außerdem extensiv als Grünland genutzt. Das Fieler Moor ist Bestandteil des Europäischen ökologischen Netzes **„Natura 2000"** (FFH-Gebiet).

Entstehungsgeschichte

Die Entwicklung des Fieler Moore wie auch der gesamten Miele-Niederung ist eng mit der Nordsee verbunden. Am Ende der letzten Eiszeit vor 11000 Jahren lag der Meeresspiegel weltweit fast 80 m unter dem heutigen Niveau. Vor 6500 Jahren war die Nordsee soweit angestiegen, dass der westliche Teil der Miele-Niederung zur Meeresbucht geworden war. Nach Bildung von Strandwällen und Nehrungshaken sowie Aufwuchs der Marschen konnte das von der Geest in die Niederungen abfließende Wasser nicht mehr vollständig ablaufen. Der Wasserüberschuss verstärkte das Wachstum der ausgedehnten Flach- und Hochmoore und führte zur Entstehung zahlreicher Seen wie dem Fieler See. Die ehemaligen Seen sind heute allesamt verlandet oder trockengelegt. In der Miele-Niederung wurde die landwirtschaftliche Nutzung lange Zeit durch unzureichende Vorflutverhältnisse behindert. Das Fieler Moor wurde bereits im 19. Jahrhundert, vor allem aber während und zwischen den Weltkriegen zur Brenntorfgewinnung genutzt. Einschneidende Veränderungen brachte der Bau der Autobahn. Der benötigte Sand wurde aus den beiden Baggerseen entnommen. Im Gegenzug wurde Niedermoorboden in das südliche Gewässer gespült. Die Gewässer wurden dabei so gestaltet, dass sie vielen Tieren und Pflanzen neuen Lebensraum bieten.

Pflanzen und Tierwelt

Das Naturschutzgebiet hat eine besondere Bedeutung für Wiesen- und Wasservögel sowie für Amphibien, Fische und Wirbellose: Das extensiv beweidete Grünland ist Lebensraum von Kiebitz und Austernfischer. Im Schutz der Röhrichte brütet die scheue Wasserralle, während die Beutelmeise in den Bruchwäldern ihr kunstvolles Nest baut. Im Frühjahr und Herbst suchen viele Zugvögel das Moorgebiet zur Nahrungssuche auf. Immer mehr Vogelarten bleiben sogar den Winter über hier. Auch der Fischadler kreist auf der Suche nach Beute regelmäßig über dem Schutzgebiet. In den Gewässern leben der seltene Schlammpeitzger und der Moorfrosch. Über

Graureiher (Be)

Fischadler bei der Jagd (Nil)

den Blättern und Blüten der Teichrose schwirren zahlreiche Libellenarten. Auch der Fischotter, der gerade dabei ist, Schleswig-Holstein zurückzuerobern, findet im Naturschutzgebiet speziell auf ihn zugeschnittene Lebensbedingungen.

Leben im und auf dem Wasser

Eine Besonderheit des Naturschutzgebietes sind die zahlreichen, künstlich entstandenen Gewässer. Die Torfstiche, Bombentrichter und Baggerseen sollen sich hier natürlich und ungestört entwickeln, das heißt allmählich verlanden. Bei der Verlandung verringert das Wachstum von Wasser- und Sumpfpflanzen die freie Wasserfläche bis diese völlig verschwunden und durch ein Verlandungsmoor ersetzt ist. Die Geschwindigkeit der Moorbildung ist u. a. vom Nährstoffgehalt sowie der Tiefe des Wasserkörpers abhängig. Flache nährstoffreiche Gewässer können schon innerhalb weniger Jahre verlandet sein, während in nährstoffarmen Gewässern die Vermoorung über Jahrtausende kaum voranschreitet. Die Gelbe Teichrose ist eine typische Art der Schwimmblattgesellschaften, zu der hier früher auch die besonders geschützte Krebsschere zählte. Ihr völliges Verschwinden hatte dramatische Auswirkungen auf den Bestand seltener und gefährdeter Tierarten wie der

Trauerseeschwalbe und der Grünen Mosaikjungfer, die an diese Pflanzenart gebunden sind. Typische Schwimmblattgesellschaften sind in Schleswig-Holstein selten und in ihrem Bestand bedroht. Dabei trägt vor allem die Gewässerunterhaltung (z.B. Räumung von Gräben, Teichwirtschaft) zur Gefährdung der Bestände bei.

Krebsschere (LLUR)

Nach dem völligen Verschwinden der Krebsschere aus dem Fieler Moor werden künstliche Nisthilfen ausgebracht, um die Wiederansiedlung der Trauerseeschwalbe zu fördern.

Bau von Nisthilfen (Ste)

Trauerseeschwalbe (Ste)

LEBENSRAUM RÖHRICHT

Röhrichte sind typisch für Flachwasser- und Uferbereiche von Gewässern. Sie bestehen oft nur aus einigen wenigen Sumpfpflanzen wie Schilfrohr, Schmalblättrigem Rohrkolben, Rohr-Glanzgras oder Wasser-Schwaden. Die Lebensbedingungen im Röhricht sind durch dauerhaften Wasserüberschuss und die extreme Armut an Sauerstoff bestimmt. Abgestorbene oder angeschwemmte Pflanzenteile verrotten nur unvollständig. Stattdessen wandeln sich die pflanzlichen Reststoffe allmählich in Niedermoortorf um. Im Laufe der Zeit sammelt sich so immer mehr Material an. Das Röhricht dehnt sich ins offene Wasser hinein aus. Das Gewässer verlandet und wird zum Moor. Die ausgedehnten Halmwälder des Röhrichts beherbergen eine artenreiche Tierwelt. So dienen die hohlen Halme des Schilfrohrs Grabwespen, Gallmücken, Halmfliegen und verschiedenen Schmetterlingsarten als Brut- und Überwinterungskammern ihrer Larven. Zwischen den Stängeln und Halmen weben Spinnen ihre kunstvollen Netze. Sie alle bilden die Nahrungsgrundlage versteckt lebender Vogelarten wie Teich- und Sumpfrohrsänger oder der Wasserralle. Auf festerem Moorboden stellen Laufkäfer, Zwergmäuse oder Ringelnattern ihrer Beute nach.

Die Röhrichte bestehen im Fieler Moor vor allem aus Schilfrohr (li) und Rohrkolben. Der Schmalblättrige Rohrkolben (re) hat hier den größten Bestand in Dithmarschen. (Be, Ste)

Die scheue Wasserralle (ob) lebt im dichten Röhricht. Die Blessralle (unt) ist eher leicht zu beobachten. (Be, Ste)

VOM LEBEN DER BEUTELMEISE IM MOOR

Am Rand der alten wassergefüllten Torfstiche sind mit den Jahren dichte Feuchtwälder und -gebüsche aufgewachsen. Sie sind hauptsächlich aus Weiden, Erlen, Pappeln und Birken aufgebaut. Zusammen mit den wasserseitig vorgelagerten Röhrichten sind sie bevorzugter Lebensraum der nur knapp 12 cm kleinen und 20 g leichten Beutelmeise. Die mit anderen heimischen Meisen wie Bart- oder Schwanzmeisen nicht direkt verwandten Beutelmeisen bauen ihre kunstvoll gewebten Nester in die Kronen von Büschen und Bäumen. Die Vögel ernähren sich von Insekten, Spinnen und Samen, die sie reichlich im Ufersaum finden. Ihre Brutzeit erstreckt sich von Mai bis Juni. Bis Ende August ziehen sie ihre Jungen groß, um ab Oktober in den Mittelmeerraum zu ziehen. Für ihre beutelförmigen Nester verwenden die Beutelmeisen Pflanzenfasern, wollige Samen, Haare oder Spinnweben. Sie weben ihr Nest in herabhängenden Zweigen direkt über oder nahe am Wasser. Alte Nester beziehen die Vögel nicht wieder neu. Diese liefern aber oft das Baumaterial für Neubauten im nächsten Jahr. Von der Baukunst der Beutelmeisen profitieren Bart- und Schwanzmeisen, die mitunter alte, verlassene Nester zur Brut nutzen.

Beutelmeise (Hec)

Der braune Blütenstand des Rohrkolbens liefert den Beutelmeisen ausgezeichnetes Bau- und Polstermaterial für ihre weichen Nester. Das Männchen beginnt ab April mit dem Nestbau und macht währenddessen durch dauerndes Rufen auf sich aufmerksam. Findet sich ein interessiertes Weibchen, stellt dieses das Nest fertig und beginnt mit der Brut.

Bartmeise (Hec)

Schwanzmeise (Hec)

Richtung Heide
>17m
>7,5m
F i e l e r M o o
Landesamt für Landwirtschaft, Umwelt und
ländliche Räume des Landes Schleswig-Holstein

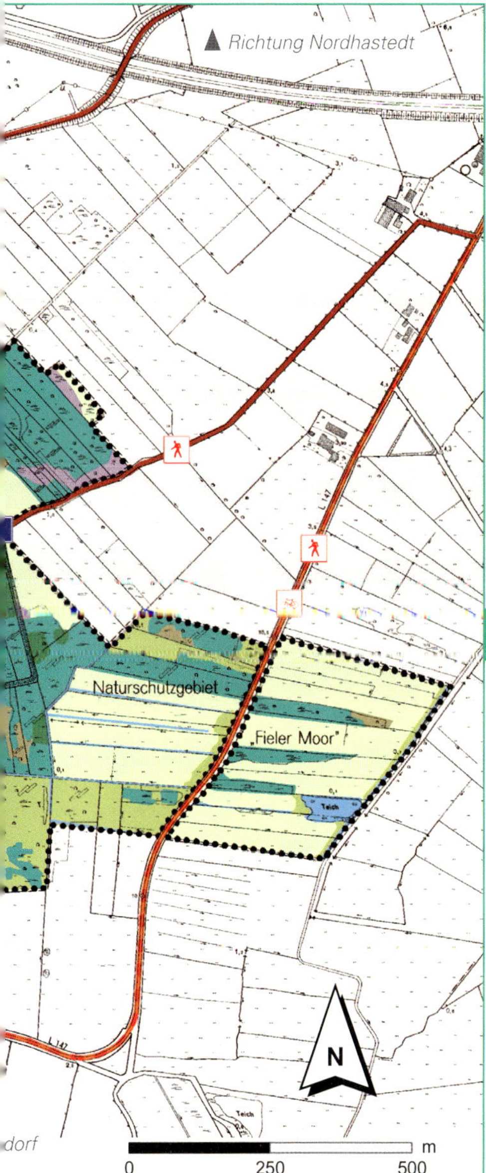

Betreut durch:

BUND
FREUNDE DER ERDE

BUND Schleswig-Holstein
Lerchenstraße 22
24103 Kiel
Tel. 0431-66060-0
mail: bund-sh@bund-sh.de

Kontakt vor Ort:

Kreis Dithmarschen
Untere Naturschutzbehörde
Stettiner Straße 30
25746 Heide
Tel. 0481-97-0
mail: info@dithmarschen.de
www.dithmarschen.de

Ehemalige Torfabbauflächen mit einsetzender Verlandung. (Bru)

NATURSCHUTZGEBIET „FOCKBEKER MOOR"

Das Fockbeker Moor ist mit einem geschätzten Alter von etwa 2500 Jahren ein vergleichsweise junges **Geesthochmoor**. Von der ursprünglich ungefähr 620 ha großen Moorfläche sind aufgrund der Nutzung, vorwiegend Torfabbau und Umwandlung in Grünland, rund 470 ha vernichtet worden. Die verbliebenen 150 ha Moor und die daran angrenzenden Flächen stehen seit 2002 unter Naturschutz. Obwohl das Fockbeker Moor durch den ehemaligen Torfabbau geomorphologisch und hydrologisch überprägt wurde, ist es insbesondere in den Handtorfstichen **Lebensraum zahlreicher hochmoortypischer Pflanzen- und Tiergemeinschaften**. Es ist Bestandteil des Europäischen ökologischen Netzes **„Natura 2000"** (FFH-Gebiet).

Torfabbau, Entwässerung und die Folgen

Seit 1817 wurde die Moornutzung durch die Landbevölkerung intensiviert. Es wurde sowohl Torf zum Eigenverbrauch als auch zum Verkauf gestochen. In dieser Zeit wurden die großen Entwässerungsgräben, der Fockbeker

Moorgraben im Süden und der Knüllgraben in der Mitte des Moores, angelegt. Die industrielle Torfnutzung begann im Fockbeker Moor 1827 durch die Gründung der „Carls-Hütte". Die Fabrik beschäftigte Tagelöhner im Torfabbau. Nach dem 2. Weltkrieg fand eine weitere Intensivierung des Torfabbaus statt. Der südliche Moorbereich wurde in der Folgezeit in weiten Teilen bis auf den mineralischen Untergrund abgebaut. Doch nicht nur die Brenntorfgewinnung führte zum Verschwinden des einstmals ca. 620 ha großen Moores. Im 19. und 20. Jahrhundert wurden weite Bereiche in Grünland und Äcker umgewandelt. Einige Moorflächen am Nordrand wurden auch mit Fichten aufgeforstet.

Flora und Fauna

Die Vegetation des Fockbeker Moores ist vielfältig und lebensraumtypisch. In den ehemaligen Handtorfstichen sind neben den Torfmoosen als Bildner des Hochmoores, Rosmarinheide, Moosbeere, Wollgras und Sonnentau typische Vertreter der Hochmoorvegetation. Der Bewuchs, der bis auf den mineralischen Untergrund abgetorften Flächen und die tief liegenden Moorgrünländereien weisen hingegen Pflanzenarten der Niedermoore auf. Hier bestimmen Schilf, Rohrkolben, Flatterbinsen und Seggen das Bild. Das Fockbeker Moor ist Lebensraum verschiedener Tierarten. Die Amphibien und Reptilien sind mit den für Moore bezeichnenden Arten wie Moorfrosch, Kreuzotter und Mooreidechse im Fockbeker Moor vertreten. In den angrenzenden Flächen, z.T. auch auf trockeneren Moorbereichen, kommen Grasfrosch, Blindschleiche und Ringelnatter vor. Etwa 57 Vogelarten, wie beispielsweise Brachvogel, Bekassine, Rotschenkel und Kiebitz,

Kreuzotter (Bre)

Moosbeere (Ths)

Bekassine (Aug)

Kiebitz (Aug)

nutzen das Moor als Brutgebiet. Und die Libellen schwirren im Sommer über die offenen Wasserflächen.

Schutz- und Pflegemaßnahmen

Im Vordergrund der Maßnahmen stehen der Erhalt und die Entwicklung des besonderen Lebensraumes Hochmoor mit den angrenzenden Randbereichen. Die Hauptmaßnahme zur Regeneration des Moores ist die Vernässung durch Anstau des Regenwassers. Auf Anregung des Unabhängigen Kuratoriums Landschaft Schleswig-Holstein e.V. (UKLSH) wurde bereits 1982 ein Teilstück des Fockbeker Moorgrabens verlegt und dieser dann angestaut. Dadurch konnte der Abfluss des mooreigenen, nährstoffarmen Wassers auf einer Fläche von ca. 70 ha verhindert werden. Dieser Anstau hat dazu geführt, dass in Bereichen mit gleichmäßig hohem Wasserstand bereits wieder die Torf bildenden Torfmoosarten wachsen. Ein großes Problem stellt die Entwässerung der landwirtschaftlichen Intensivflächen in der Moorumgebung dar, da sie zu einer Grundwasserabsenkung im Moor führt. Ziel ist der Erwerb dieser Flächen durch die Stiftung Naturschutz, um die Entwässerung einzustellen. Zusätzlich werden in diesem Moor noch Bereiche, in denen sich aufgrund von Entwässerung und Nährstoffeintrag Birken und andere Bäume ausgebreitet haben, freigeschlagen. Dieses „Entkusseln" hat den Zweck, die Wasserverdunstung der Bäume und die Beschattung der lichthungrigen Bodenvegetation zu verhindern. Diese Arbeiten werden vom betreuenden Naturschutzverein (UKLSH) in Zusammenarbeit mit dem Landesjagdverband durchgeführt.

LIBELLENPARADIES

Die offenen Wasserflächen des Fockbeker Moores ziehen zahlreiche Libellen an. Hier finden sie ausreichend Nahrung und können ihre Eier im Wasser oder an Wasserpflanzen ablegen. Libellen sind räuberische, Sonnen liebende Insekten mit einem langen Körper, großen Augen und winzigen, borstenförmigen Fühlern. Ihre Flügel sind steif und rascheln oft im Flug. Ihre zwei Flügelpaare sind nicht miteinander verbunden und schlagen unabhängig voneinander. Libellen vollführen wahre Flugkünste. Sie können im Flug verharren und rückwärts fliegen. Zudem besitzen sie ein gutes Sehvermögen, so dass sie im Flug leichte Beute machen können. Ihre Nahrung besteht aus anderen Insekten, besonders Fliegen, die sie mit ihren dornigen, korbartig zusammengelegten Beinen im Flug aus der Luft schöpfen. Vor allem die kleineren Libellenarten sammeln ihre Beute auch von Pflanzen ab. Hier im Fockbeker Moor tummeln sich Klein- und Großlibellen, wie beispielsweise Frühe Adonislibelle, Hufeisen-Azurjungfer und Große Pechlibelle.

Frühe Adonislibelle (Schlie)

Hufeisen-Azurjungfer (Schlie)

Große Pechlibelle (Schlie)

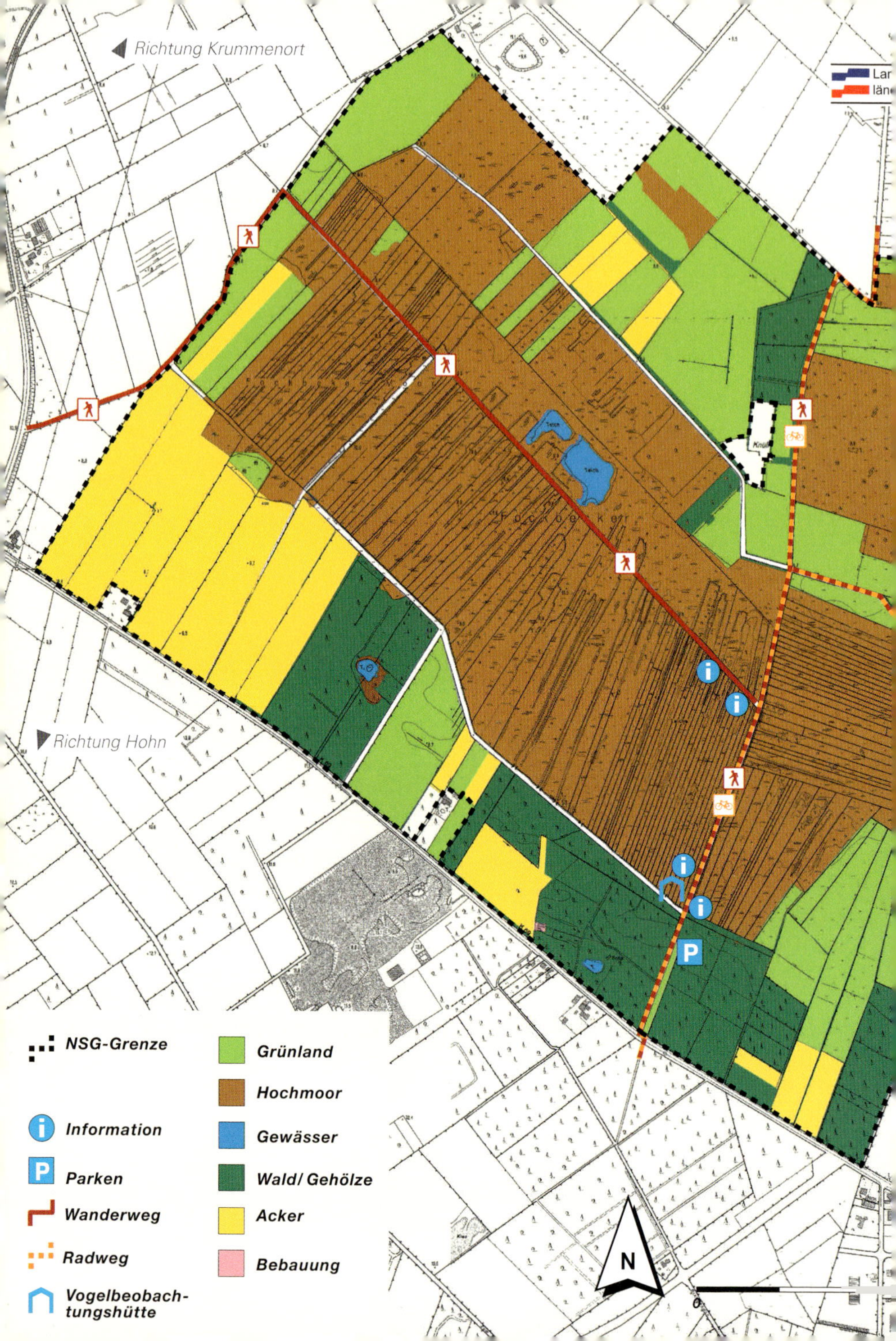

Richtung Krummenort
Richtung Hohn
NSG-Grenze
Information
Parken
Wanderweg
Radweg
Vogelbeobach-
tungshütte
Grünland
Hochmoor
Gewässer
Wald/ Gehölze
Acker
Bebauung
N
0

Betreut durch:
Unabhängiges Kuratorium Landschaft
Schleswig-Holstein e.V. (UKLSH)
Dr. Kuno Brehm
Ringstraße 9
24802 Emkendorf-Bokelholm
Tel. 04330-430
mail: Brehmnatur@t-online.de

Landesjagdverband
Schleswig-Holstein e.V.
Böhnhusener Weg 6
24220 Flintbek
Tel. 04347-9087-0
mail: jagdverband-sh@t-online.de
www.ljv-sh.de

NABU Schleswig-Holstein
Färberstraße 51
24534 Neumünster
Tel. 04321-53734
mail: info@nabu-sh.de
www.nabu-sh.de

Kontakt vor Ort:
Kreis Rendsburg-Eckernförde
Untere Naturschutzbehörde
Kaiserstraße 8
24768 Rendsburg
Tel. 04331-202-0
mail: info@kreis-rd.de
www.kreis-rendsburg-eckernfoerde.de

Blick aus der Luft auf Graswarder und Heiligenhafen (Dü)

NATURSCHUTZGEBIET „GRASWARDER HEILIGENHAFEN"

Die Halbinsel Graswarder bei Heiligenhafen gehört zu den besonders markanten Nehrungslandschaften an der deutschen Ostseeküste. Das Gebiet schützt heute die Stadt Heiligenhafen vor dem direkten Einfluss der Ostsee und hat beste Voraussetzungen geschaffen für die Anlage eines geschützten großen Sportboothafens. Wegen seiner **herausragenden geologischen Erscheinung** und großen naturkundlichen Bedeutung wurde das Gebiet mit unmittelbar angrenzenden **Watt- und Wasserflächen** der Ostsee 1968 unter Naturschutz gestellt und 1987 auf eine Größe von insgesamt 229 ha erweitert. Das Gebiet hat durch seine verschiedenen **Strandhaken** aus Sand und Geröll, seine kleinen **Strandlagunen und Dünen** eine vielfältige **spezielle Küstenvegetation und Tierwelt.** Die Vogelwelt ist zu allen Jahreszeiten artenreich und von Weg und Aussichtsturm gut zu beobachten. Das Gebiet ist Bestanteil des Europäischen ökologischen Netzes **„Natura 2000"** (Vogelschutzgebiet und FFH-Gebiet).

Entwicklung der Nehrungsküste Graswarder

Die Steilküste und die küstennahen flachen Meeresgrundbereiche im Westen von Heiligenhafen lieferten das Material, aus dem sich der Steinwarder und der Graswarder gebildet haben. Was dort durch die Ostsee vor allem bei Sturmfluten abgetragen wird, wird hier durch küstenparallele Strömungen abgelagert und durch Wind und Wellen zu bis über einen Meter hohen Strandwällen aufgeworfen. So ist im Laufe vieler Jahrhunderte diese besondere Küstenlandschaft entstanden. Fast unbemerkt aber gut messbar wächst der Graswarder in jedem Jahr um viele Meter Richtung Osten. Bei kräftigen nördlichen oder nordwestlichen Winden kann man die Materialtransporte beobachten. Dabei wird Sand und Geröll immer wieder schräg auf den Strand heraufgespült, fällt durch die Schwerkraft seeseitig wieder ab und verlagert sich durch diese Zickzackbewegung immer weiter nach Osten. Durch auflandige Winde entstehen Dünen auf dem Strandwall. Im Strömungsschatten schwenken die Ablagerungen landwärts südlich ab und bilden dann die charakteristischen Nehrungshaken. Allein in den letzten 60 Jahren haben sich so vier neue Strandwallhaken mit einer Fläche von 12 Hektar entwickelt. Im Laufe mehrerer Jahrhunderte ist so die besondere Topografie aus über 100

Der Aussichtsturm bietet einen herrlichen Blick auf das Naturschutzgebiet (Dü)

Strandwällen und verschiedenen eingeschlossenen flachen Lagunen des Graswarder entstanden. Bis 1958 ist der Graswarder noch eine Insel gewesen, dann sind Steinwarder und Graswarder zu einer langen Halbinsel zusammengewachsen. Künstliche Aufschüttungen haben später die Verbindung weiter verfestigt. Die auf dem Strandwall stehenden Häuser sind ehemalige kleine Fischerhütten und stehen heute unter Denkmalschutz.

Vögel des Graswarder

Schon in historischen Zeiten ist wahrscheinlich der Graswarder ein bedeutendes Seevogelbrutgebiet gewesen. Aber erst aus dem 19. Jahrhundert gibt es erste Berichte. Charaktervogel des Graswarder ist die Sturmmöwe. Sie war immer der dominierende Brutvogel und als „Ostseemöwe" besonders an der Ostseeküste verbreitet. Mit bis zu 5500 Brutpaaren zählte der Graswarder zu den bedeutendsten Gebieten für diese Art. Seit einigen Jahren, insbesondere seit den 90er Jahren ist eine Abwanderung den Sturmmöwen an die Nordseeküste zu beobachten – die Gründe sind nicht bekannt. Heute brüten auf dem Graswarder noch bis 1000 Paare. Die Gesamtzahl der brütenden Arten hat aber gegenüber früher zugenommen. Auffällige Arten

Möwenkolonie auf dem Graswarder (Dü)

sind Silbermöwe, Graugans, Brandgans, seit einigen Jahren auch die Eiderente, Mittelsäger, Austernfischer, Säbelschnäbler, Sandregenpfeifer, Rotschenkel, Wiesenpieper und Feldlerche. Flussseeschwalbe und Küstenseeschwalbe brüten mit etwa 30 Paaren und die besonders gefährdete Zwergseeschwalbe mit weniger als 10 Paaren. Die Brandseeschwalbe kam in den 80er Jahren vor. Ab Juli kommen zahlreiche Zugvögel in das Gebiet und nutzen die guten Nahrungsgründe auf den Salzwiesen und den Flachwasserbereichen. Mehrere hundert Goldregenpfeifer, Pfeifenten, Graugänse und Weisswangengänse sind neben vielen anderen Wat- und Wasservogelarten vor allem im Herbst zu beobachten.

Pflanzenwelt

Der aus angeschwemmten pflanzlichen und tierischen Resten angereicherte Spülsaum wird z.B. von den einjährigen Arten wie dem hellviolett blühenden Meersenf besetzt. Auf dem Strandwall (ca. 1-1,5 m über normal Null) ge-

Salzwiese (Dü)

deiht der mehrjährige Meerkohl. Oben auf dem Strandwall, der ständig mit feinen Flugsänden dünenartig erhöht wird, dringt die Stranddistel mit ihrer Pfahlwurzel über 2 m tief in den lockeren Salzboden ein. Die 2,50-3,00 m hohen Kleindünen werden vom Strandhafer besiedelt. Im rückwärtigen Bereich der Düne schließen sich u.a. lückenhaft Bestände des vielfarbigen Dünenstiefmütterchens an und in teppichartiger Ausdehnung auf ganz geringer Humusschicht die Grasnelke und der Mauerpfeffer. Im Schutze der Nehrungshaken und in stillen Buchten entstanden im Laufe der letzten Jahrhunderte Salzwiesen, ähnlich denen an der Nordseeküste - jedoch erheblich kleinflächiger. Der Queller und auch die Strandsode erscheinen in abflusslosen Senken, in denen durch Verdunstung des Salzwassers die Salzkonzentration des Bodens besonders hoch ist. Die Meerstrandsimse, breitet sich am Rande von Kolken und stillen Buchten zuweilen in mächtigen Horsten aus. Auch der stark gefährdete Echte Sellerie besiedelt höhere, unbeweidete Standorte im Verbund mit Meerstrandwegerich, Meerstrandmilchkraut, Rotschwingel und Schilf. Die bunteste und artenreichste Salzwiese befindet sich im ältesten Teil des Graswarders nahe dem Yachthafen. Diese hat sich nach mehreren Jahrzehnten ohne Beweidung hier zu einem bunt blühenden Bestand entwickelt, in dem Strandflieder, Salzaster, Strand-Beifuss und Strand-Dreizack vorkommen.

Öffentlichkeitsarbeit

Das Infozentrum bietet eine Reihe von Informationen über das Gebiet und von hier aus werden vom NABU von Ostern bis Oktober naturkundliche Führungen durchgeführt. Täglich um 10.30 Uhr und 15.00 Uhr beginnen die Naturschutzwarte jeweils mit einem Dia-, Film- oder Mikro-Vortrag die Führung, die dann ihre Fortsetzung mit einer Exkursion in das Naturschutzgebiet findet. Dazu kommen noch zusätzliche Angebote für Schulklassen und Studentengruppen. Am Graswarderweg sind verschiedene Info-Tafeln aufgestellt und seit einigen Jahren ist es möglich von einem architektonisch spektakulären Aussichtsturm am Ende des Weges aus einer 12 m hohen Perspektive das Gebiet zu erleben und Beobachtungen zu machen.

DAS MÖWENEIERSAMMELN

In früheren Zeiten wurden Möweneier, wie auch die Eier anderer Arten, für den menschlichen Verzehr teilweise intensiv genutzt. Nachdem der Graswarder 1934 zum Vogelschutzgebiet erklärt worden war, begann das professionelle Absammeln der Sturmmöweneier. Etwa 15 Personen waren Jahr für Jahr in der Zeit vom 1. Mai bis zum 6. Juni täglich in der Seevogelkolonie unterwegs, um alle Möweneier abzusammeln. Erst nach dem 6. Juni waren die Sturmmöwen in der Lage, durch Nachgelege noch für genügend Nachwuchs zu sorgen. Zwischen 10.000 und 50.000 Eier wurden jährlich gesammelt. Die Eier von des „Börgermester sin Höhner" stellten eine Delikatesse dar und erzielten einen ordentlichen Preis zugunsten der Stadtkasse von Heiligenhafen. Gekauft werden konnten sie in früheren Zeiten beim Hafenmeister, wo sie in der Regel immer schnell an die Heiligenhafener Bürger verkauft wurden. Ende der 60er Jahre kosteten die Eier ca. 30 Pfenning. In Spezialitätengeschäften - z.B. in Hamburg - musste man für das gleiche Ei aber schon mal bis zu 3,00 DM auf den Tresen legen. Ein findiger Heiligenhafener Geschäftsmann, der zwischenzeitlich die Konzession übernommen hatte, zweigte sehr zum Missfallen der Einheimischen nämlich einen Teil der gesammelten Eier ab. Erst als der Graswarder 1978 in das Eigentum des Landes Schleswig-Holstein überging sowie wegen hoher Schadstoffbelastungen wurde das Eiersammeln eingestellt. Das inzwischen bestehende Betretungsverbot für das Naturschutzgebietes führte dazu, dass die Zahl der brütenden Arten zunahm.

Sturmmöwen in einer Grasnelkenflur (Dü)

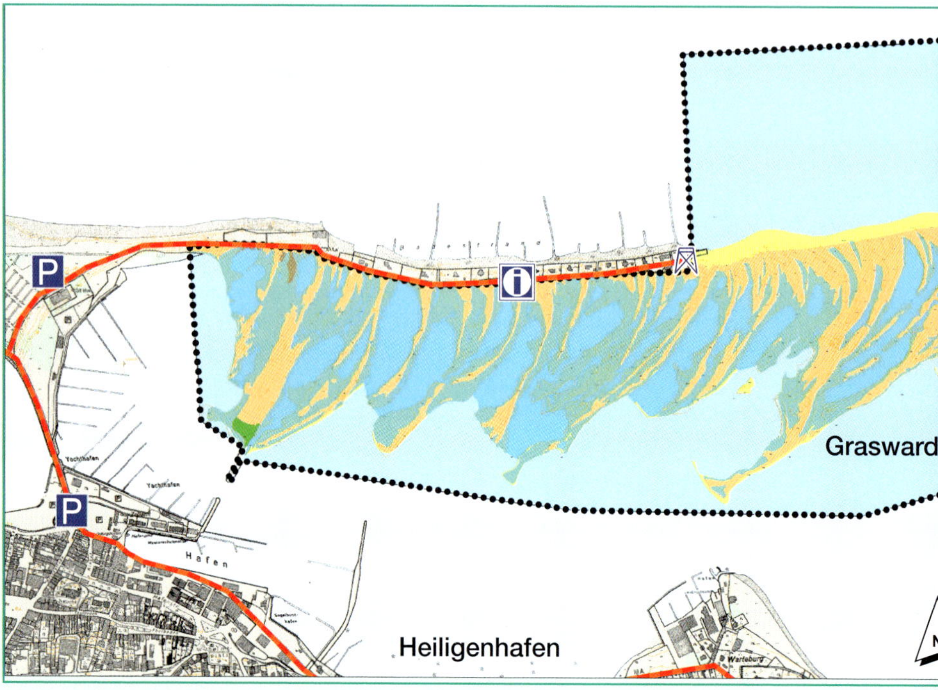

Flachwasser der Ostsee
Lagune
Brackwasserröhricht
Düne, Strand, Sandbank
Strandwall (teilweise überdünt)
Salzwiese
Gehölz
Siedlung
Rad- und Wa
Parkplatz
Beobachtun

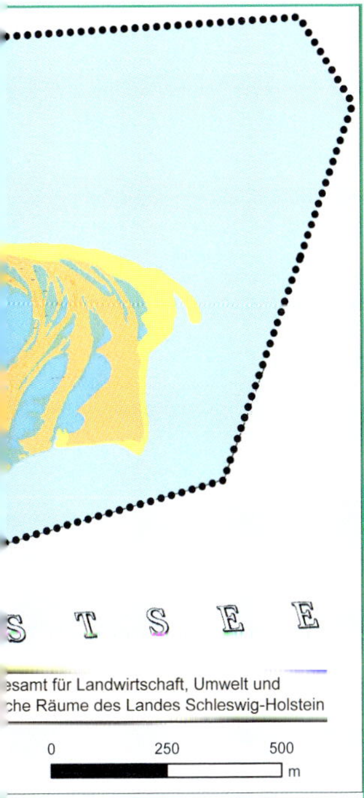

NABU - Naturzentrum

Grenze des Naturschutzgebietes

Betreut durch:
NABU Schleswig-Holstein
Färberstraße 51
24534 Neumünster
Tel. 04321-53734;
mail: info@nabu-sh.de
www.nabu-sh.de

Kontakt vor Ort:
Die NABU - Gruppe Heiligenhafen betreut ein interessantes Naturzentrum vor Ort und bietet von April bis Oktober täglich Führungen um 10:30 und 15:00 durch das Gebiet an.
Naturzentrum: 04362-6947
Weitere Informationen: www.graswarder.de

Kreis Ostholstein
Untere Naturschutzbehörde
Lübecker Straße 41
23701 Eutin
Tel. 04521-788-0
mail: info@kreis-ostholstein.de
www.ostholstein.de

NATURSCHUTZGEBIET „HALBINSEL HOLNIS"

Die Halbinsel Holnis ist die nördlichste Spitze der schleswig-holsteinischen Jungmoränenlandschaft, wovon im Jahr 1993 etwa 377 ha unter Naturschutz gestellt wurden. Die vielgestaltige Landschaft mit **Steilküsten, Strandwällen, Röhrichten** und **Knicks** beherbergt eine Vielzahl an Tier- und Pflanzenarten. Das Gebiet ist Bestandteil des Europäischen ökologischen Netzes **„Natura 2000"** (FFH- und Vogelschutzgebiet).

Dynamische Küste

Vorgänge in der letzten Eiszeit prägten den Aufbau und die Oberfläche der Halbinsel. Wiederholtes Vorstoßen und Abtauen der Gletscher führte zu einer Ablagerung von unterschiedlichen Mengen an Sanden und Tonen in der Region. Vor 1000 Jahren war Holnis noch eine Insel. Durch ständige Abtragungen entlang der Steilküsten und Sedimentablagerungen, hervorgerufen durch Wind, Wellen und Strömung, kam es nach und nach zur Bildung von Strandwällen. Im Laufe der Zeit wuchsen diese Strandwälle zu Nehrungen an, bis schließlich die Insel mit dem Festland verbunden wurde. Die auf natürliche Weise abgetrennten Wasserflächen entwickelten sich zunächst zu Strandseen, bis sie später durch den Einfluss des Menschen verändert wurden. Die Abtragungsprozesse entlang der Küste dauern bis heute an und betragen am Holnis-Kliff durchschnittlich 30 cm pro Jahr. Diese sich ständig verändernden Strukturen sind Lebensraum für eine außerordentlich anpassungsfähige Vegetation, die charakteristisch ist für derartige Pionierstandorte.

Steilküste Holnis-Kliff (Knö)

Nehrungshaken an der Nordspitze der Halbinsel (SN)

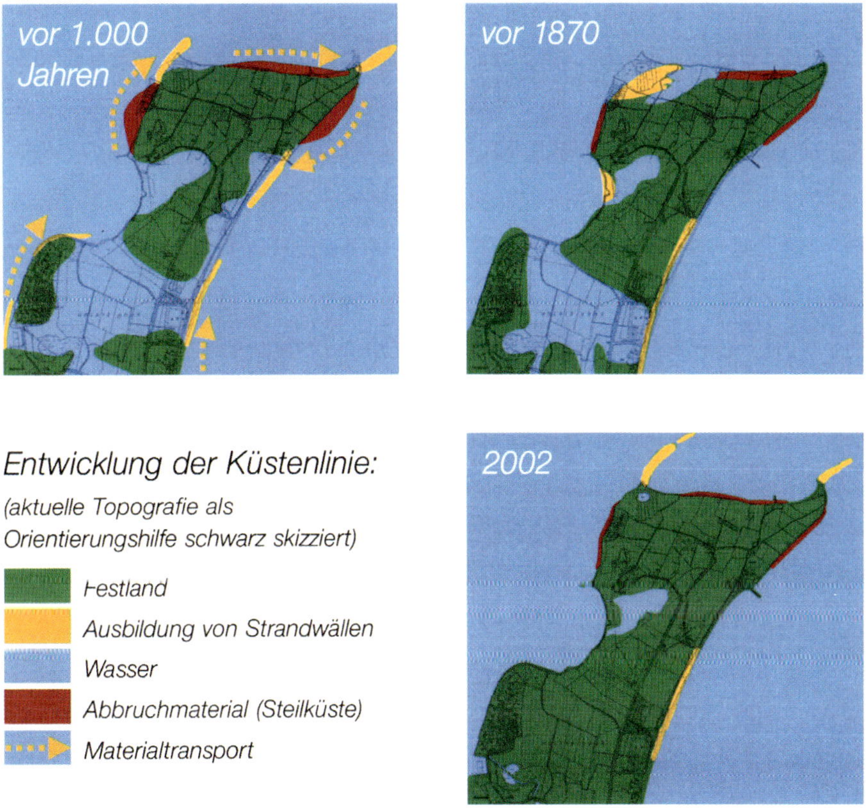

Entwicklung der Küstenlinie

Naturvielfalt

Eine Vielfalt an Vegetationsformen geht hier auf engstem Raum ineinander über. Reste von Dünengesellschaften finden sich an den Stränden der Außenförde. In den anschließenden Salzwiesen gedeihen Meerstrand-Dreizack und Strandaster. Diese Pflanzen sind gut an den höheren Salzgehalt im Boden angepasst. Auf den höher gelegenen Wiesen blüht im Mai das Breitblättrige Knabenkraut. Im dichten Knicknetz, finden sich viele Arten der ehemaligen Waldränder, wie z.B. Holunder, Hopfen, Hasel, Esche und einige Brombeerarten.

Brandgänse (AVJ)

Ein Paradies für Vögel

Die Vielfalt der unterschiedlichen Vegetationsformen spiegelt sich auch in der Vogelwelt wieder. Über 130 Vogelarten können hier beobachtet werden, davon sind etwa 65 Arten Brutvögel. Im Kliff an der Westseite brüten jährlich 80 Paare der Uferschwalben in ihren selbst gegrabenen Höhlen. Am auffälligsten sind jedoch die vielen Wasser- und Seevögel. Auf den Strandhaken und Salzwiesen brüten Austernfischer, Sandregenpfeifer und Küstenseeschwalbe, die ihre Eier direkt auf den Boden in kleine Mulden legen. Die Salzwiese bietet auch Kiebitz und Rotschenkel einen geeigneten Lebensraum. In den Röhrichten haben Blässralle und Stockente ihre Kinderstuben. Brandente und Mittelsäger nisten in ehemaligen Kaninchenbauten oder im Gestrüpp am Fuß der Steilküsten. Durch den Brückencharakter der Halbinsel nach Norden ist Holnis während der Zugzeit im Frühjahr und Herbst ein beliebter Rast- und Nahrungsplatz für viele Watvögel. Schwäne, Enten- und Gänsearten rasten dann im freien Wasser.

DAS KLEINE NOOR

Noore sind „verlandende Meeresbuchten“, die durch Strandwallbildung nach und nach von der offenen Förde abgetrennt werden. So auch das kleine Noor im Westen der Halbinsel. Bis Anfang des letzten Jahrhunderts gab es zwischen dem Noor und der Ostsee noch eine offene Verbindung, die dann zwecks Landgewinnung abgedeicht wurde. Das Noor wurde leer gepumpt und es entstanden landwirtschaftliche Nutzflächen. Im Jahr 1995 kaufte die Stiftung Naturschutz die gesamte Fläche mit dem Ziel, den Deich an einigen Stellen rückzubauen, um wieder einen natürlichen Einfluss des Meeres zu ermöglichen. Kurz vor Abschluss der Bauarbeiten kam die Natur zuvor, als in der Nacht vom 4. September 2002 durch einen erhöhten Anstieg der Ostsee das Noor auf natürliche Weise geflutet wurde. Dadurch entstand eine 18 ha große Wasserfläche mit Salzwassereinfluss, ein einzigartiger Lebensraum, den es an der Ostseeküste nur noch selten gibt. Die Brücke über den neuen Durchlass zur Ostsee wurde durch Spenden finanziert, nach dem Motto: „Eine Brücke zum Wohle von Mensch und Natur“.

Luftaufnahme nach der Flutung des Noores (SN)

Entwicklung des
Kleinen Noores

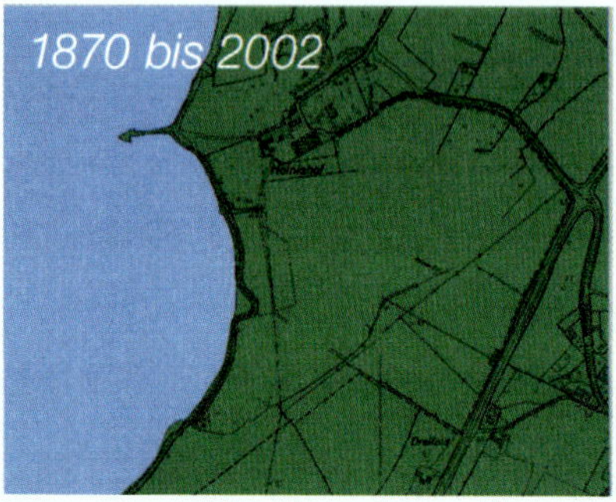

VOGELZUG

Die jahresperiodischen Wanderungen der Vögel zwischen ihrem Brutgebiet und Winterquartier sind bis heute noch nicht vollständig erforscht. Als Orientierung dienen der Sonnenstand, die Sterne und das Magnetfeld der Erde. Aber auch die Bildeindrücke von Landschaften und ein „innerer Wetterfrosch" helfen den Vögeln, ihr Ziel zu finden. Die Halbinsel Holnis hat für den Vogelzug eine wichtige Brückenfunktion. Hier kreuzen sich die Flugrouten der Landvögel mit Nordost-Südwest-Richtung und der Wasservögel mit Ost-West-Richtung. Sie nutzen die Halbinsel als willkommenen Rast- und Nahrungsplatz.

Sommergäste

Viele Vögel nutzen die Halbinsel Holnis als „Sommergäste", um hier zu brüten, bis sie im Spätsommer wieder in ihre warmen Überwinterungsquartiere zurückkehren.

Der Kuckuck ist ein Nestschmarotzer: das Kuckucks-Weibchen legt ihr Ei in Nester anderer Arten und lässt das Junge dann von den fremden Elternvögeln, wie hier auf dem Foto z.B. dem Teichrohrsänger, aufziehen. Bei bestimmtem Sonnenstand im Spätsommer verlässt er sein Brutgebiet und zieht dann bis in das südliche Afrika, um dort zu überwintern. (NABU)

Die Uferschwalben kommen etwa vier Wochen später als die anderen Schwalben aus ihren Überwinterungsgebieten zu uns und brüten in einer Kolonie im Westkliff von Holnis. (Pet)

Der Rotschenkel brütet bei uns auf den Wiesen und zieht dann an den Ärmelkanal, Spanien und an das Mittelmeer, um zu überwintern. (AVJ)

Brutgebiete

Überwinterungsgebiete

Wintergäste und Durchzügler

Die Wintergäste auf Holnis kommen aus dem hohen Norden, wo sie im Sommer brüten und ihre Jungen aufziehen. Die Halbinsel dient diesen Arten als Rast- und Nahrungsgebiet im Winter. Einige Arten rasten auch nur auf dem Durchzug hier.

Nicht immer überwintern die Singschwäne auf Holnis. Manchmal rasten sie auch nur einige Tage im Herbst und Spätwinter und lassen ihre klagenden Trompetenrufe hören. (Aug)

Große Schwärme Graugänse bestehen aus vielen Familienverbänden treffen sich hier im Spätsommer auf Holnis. Je nach Witterung vagabundieren sie dann in diesem Gebiet. (AVJ)

Die Pfeifente ist ein regelmäßiger Wintergast bei uns. Das Pfeifen und der gelbe Scheitel des Männchens fallen dem Beobachter sofort auf. (PA)

Die Alpenstrandläufer sind die ersten Gäste im Spätsommer aus dem hohen Norden. Einige überwintern hier auch, doch die meisten ziehen weiter in den Süden. (LLUR)

Mehr als 10.000 Nonnengänse überfliegen im Mai die Halbinsel Holnis auf dem Weg in ihre arktischen Brutgebiete. (Ste)

Die Eiderente ist das ganze Jahr über auf Holnis. Auffällig ist jedoch um Mittsommer der starke Rückflug aus dem Norden zu den Mauserplätzen im Wattenmeer. Die Weibchen mit den Jungen folgen dann im Spätsommer. (LB)

Dänemark
FLENSBURGER FÖRDE
Holnis
Dreifeld
HOLNIS NOOR
FLENSBURGER
Richtung Glücksburg

- Grenze des Naturschutzgebietes
- Landesgrenze
- Wald/Feldgehölz/Knick
- Röhricht
- Küstenwatt
- Grünland
- Ruderalfluren
- Gewässer
- Salzwiese
- Acker
- Aufschüttung
- Steilküste/Strand
- Bebauung
- Straße/Weg
- Wanderweg
- Radweg
- NABU-Schutzhütte
- Parkplatz

Betreut durch:
NABU Schleswig-Holstein
Färberstraße 51
24534 Neumünster
Tel. 04321-53734
mail: info@nabu-sh.de
www.nabu-sh.de

NABU Schleswig-Holstein

Kontakt vor Ort:
Kreis Schleswig-Flensburg
Untere Naturschutzbehörde
Flensburger Straße 7
24837 Schleswig
Tel. 04621-87-0
mail: kreis@schleswig-flensburg.de
www.schleswig-flensburg.de

NATURSCHUTZGEBIET „HECHTMOOR"

Das Hechtmoor liegt in der Landschaft Angeln inmitten fruchtbarer und ackerbaulich genutzter Böden jungeiszeitlicher Moränen und ist galerieartig von einem **Erlenbruchwald** umgeben. Es ist eines der typischen kleinflächigen **Hochmoore** des östlichen Hügellandes und entstand nach der letzten Eiszeit aus einem verlandeten See. Bereits 1941 wurde das Moor mit einer Größe von etwa 34 ha als Naturschutzgebiet ausgewiesen. Der Name „Hechtmoor" bezieht sich auf das Vorkommen von Hechten in den alten **Torfstichgewässern**. Trotz jahrzehntelanger Torfnutzung ist das Moor relativ naturnah erhalten und weist noch die typische Hochmoorvegetation auf. Besonderes Wertkriterium des Moores ist außerdem eine ungewöhnlich artenreiche Torfstichvegetation mit Arten der **Nieder- und Übergangsmoore**. Das Hechtmoor wurde als FFH-Gebiet ausgewiesen und gehört somit zum Europäischen ökologischen Netz **„Natura 2000"**.

Vielfältige Pflanzenwelt

In der Kernzone des Moores wachsen bedeutende Bestände der Hochmoor-Pflanzengesellschaft mit Glockenheide, Rosmarinheide, Moosbeere und Scheidigem Wollgras. Stellenweise werden diese Bereiche von duftendem Gagelgebüsch gesäumt. Mit ihren auffälligen gelben Blütenständen gilt die Moorlilie als Charakterpflanze des Hechtmoores. Auch der „fleischfressende" stark gefährdete Sonnentau kommt hier noch häufig vor. Die auf dem Sonnentau wie Tau glitzernden Tropfen auf den langstieligen Drüsenhaaren locken mit ihrem Glanz und Duft kleine Insekten an. Mit Hilfe dieser klebrigen Flüssigkeit, die in den Drüsenhaaren gebildet wird, werden die Insekten festgehalten. In dem Moment, in dem sich ein Insekt auf der Pflanze niederlässt, biegen sich alle Fangarme auf die Beute zu und umschließen sie. Danach beginnen kleinere Drüsen der Blattoberfläche sie zu verdauen. In allmählich verlandenden Torfstichen finden sich

Bläuling auf Glockenheide (Schlie)

Fieberklee (Bre)

Moorlilie (Ths)

Wollgras (Lez)

Herbst-Mosaikjungfer (Schlie)

zahlreiche Vertreter der Nieder- und Übergangsmoore wie z.B. Schmalblättriges Wollgras, Weißes Schnabelried, Schnabelsegge, Fieberklee und ungewöhnlich artenreiche Torfmoosrasen.
Die vielseitige Pflanzenwelt des Hechtmoores ermöglicht ein artenreiches Insektenleben. Besonders die Libellen sind mit vielen verschiedenen Arten vertreten. Hier tummeln sich Klein- und Großlibellen, wie beispielsweise Frühe Adonislibelle, Hufeisen-Azurjungfer, Große Pechlibelle und Herbst-Mosaikjungfer.

Schutz- und Pflegemaßnahmen

Um die charakteristische Hoch- und Übergangsmoorvegetation zu erhalten, muss die Austrocknung des Moores verhindert werden. Dabei stellt die Entwässerung durch den Nordgraben die größte Beeinträchtigung für das Hechtmoor dar. Langfristig kann nur der Bau eines neuen Vorfluters, der parallel zum Nordgraben verläuft, die Entwässerung des Moores aufhalten. Die Verlegung des Vorfluters ist nur dann realisierbar, wenn es gelingt, die an den Nordgraben grenzenden Flächen zu erwerben. Die Stiftung Naturschutz hat bereits begonnen, Flächen anzukaufen. Birken und andere Bäume, die sich aufgrund von Entwässerung und Nährstoffeintrag ausgebreitet haben, werden entnommen (entkusselt), um die lichtbedürftigen, konkurrenzschwachen Arten der Hoch- und Niedermoore zu erhalten. Der Naturschutzverein Satrup unterstützt die Entwicklung des Moores durch Gespräche mit Landwirten und die Entwicklung von Konzepten und Ideen für erforderliche Schutz- und Pflegemaßnahmen.

Landesamt
ländliche R
Richtung Satrup
N S G
Hechtmoor
Richtung Havetoft
39,7
37,0
43,4
42,7
36,0
40,5
35,6
36,6
37,1
36,9
36,1
41,1
37,7
41,7
47,6
NSG-Grenze
Wanderweg
Information
Parken
Grünland
Wald / Gehölz z. T. auf Hochmoorstandorten
Hochmoor-entwicklungsstadien
Gewässer
Grundlage: Deuts
des Landesverme
Geschäftszeichen
0

1:5000. Vervielfältigt mit Genehmigung
hleswig-Holstein vom 26.06.03.
)3

Betreut durch:
Arbeitsgemeinschaft Geobotanik
in Schleswig-Holstein und Hamburg e.V.
Biologiezentrum der
Christian-Albrechts-Universität
Olshausenstraße 40
24118 Kiel
Tel. 0431-880-4030
mail: sekretariat@ecology.uni-kiel.de

Kontakt vor Ort:
Kreis Schleswig-Flensburg
Untere Naturschutzbehörde
Flensburger Straße 7
24837 Schleswig
Tel. 04621-87-0
mail: kreis@schleswig-flensburg.de
www.schleswig-flensburg.de

NATURSCHUTZGEBIET „HOLMMOOR“

Das Holmmoor ist eines der umfangreichsten **Resthochmoore** im Kreis Pinneberg und gehört zum Naturraum „Hamburger Ring“. Seit 1994 steht das Holmmoor unter Naturschutz. Im Laufe von Jahrtausenden entstand dieses vom Regenwasser gespeiste Hochmoor durch die Versumpfung einer feuchten Senke. Bis zu drei Meter mächtige Moorkörper bilden die Kernzone des Moores. Als Pufferzone dienen die unmittelbar angrenzenden **Feuchtgrünlandflächen** auf Torfboden. Torfgewinnung, landwirtschaftliche Nutzung, Autobahnbau und Siedlungsbau haben nicht nur die Ausdehnung des Moores erheblich verringert, sondern auch den natürlichen Zustand der noch verbliebenen zusammenhängenden Restflächen stark beeinflusst.

Typische Hochmoorvegetation

In der Kernzone des Moores wachsen bedeutende Hochmoor-Pflanzengesellschaften mit Glockenheide, Rosmarinheide, Moosbeere und Scheidigem Wollgras. Oft werden diese Bereiche von duftendem Gagelgebüsch gesäumt. Auch der „fleischfressende“ stark gefährdete Sonnentau kommt vereinzelt vor. In allmählich verlandenden Torfstichen finden sich Scheidiges Wollgras, schwimmende Torfmoosdecken und das Weiße Schnabelried. Auf den wechselfeuchten Flächen, die stärker durch Entwässerungsmaßnahmen beeinflusst sind, wachsen Birken mit Pfeifengras und Torfmoosarten, die jedoch nicht mehr zur Torfbildung beitragen.

Torfmoospolster (Ths)

Scheidiges Wollgras (Ths)

Distelfalter (Schlie)

Moorfroschmännchen bei der Balz (LLUR)

Wertvolles Mosaik

Die verschiedenen Lebensräume im Naturschutzgebiet wie Torfstiche, Moorheide, Birkenbruchwald und Feuchtgrünland sind wertvolle Rückzugsgebiete und Lebensgrundlage vieler bedrohter Tiere. Libellen, Schmetterlingen, Amphibien, wie beispielsweise dem Moorfrosch, und Reptilien, wie der seltenen, giftigen Kreuzotter, bietet das Holmmoor ideale Lebensbedingungen. Auch Vögel wie Krickente, Bekassine und Steinkauz und eine speziell an das Leben in den Torfmoosen und Torfstichen angepasste Käferfauna, finden hier einen Lebensraum. Im landesweiten Biotopverbundsystem ist das Holmmoor als Schwerpunktbereich ausgewiesen und damit als besonders bedeutsam eingestuft.

Schützen, erhalten und entwickeln

Ziel des Naturschutzes ist es, den heutigen Rest des Moores, der nur noch etwa 35% der ursprünglichen Ausdehnung ausmacht, zu erhalten, zu schützen und soweit wie möglich zu renaturieren. Dies kann nur durch gezielte Maßnahmen gelingen. Oberste Priorität hat dabei die Wiedervernässung des Moores durch Anstau abführender Moorgräben, was bisher auch zu einem deutlichen Anstieg des Wasserstandes geführt hat. Ziel ist es, den mooreigenen Wasserhaushalt wiederherzustellen und zu stabilisieren. Typische Heide- und Torfmoosflächen werden von beschattendem und Wasser verbrauchendem Birkenaufwuchs befreit (entkusselt). Zum Schutz vor den Geräuschen und Abgasen der Autobahn ist am Ostrand des Moores ein Waldstreifen notwendig. Um die Nährstoffeinträge in den Moorkörper zu verringern, ist zudem eine extensivere Nutzung der südlichen und westlichen Grünlandflächen unabdingbar.

Richtung Quickborn
Holmmoor
N
N.S.G.
Quickborner Damm
NSG-Gren
Informatic
Wanderwe
Gewässer
Grünland
Brache
Hochmoor
Wald
Bebauung
H o l m m o
R
Raststätte Holmmoo
Holstenbeker Damm
"Holmmoor"
N.S.G. "Holmmoor"
10 kV
Richtung Hasloh
Grundlage: Deutsche Grundkarte 1:5000. Vervielfältigt mit Genehmigung des Landsvermessungsamtes Schleswig-Holstein vom 26.06.03. Geschäftszeichen: 1-562.6 5258/03
Landesamt für Landwirtschaft, Umwelt und ländliche Räume des Landes Schleswig-Holstein
0
300
600 m

Betreut durch:
Naturschutzverein Hasloh/Quickborn
zur Rettung der Moore e.V.
Gebietsbetreuer:
Manfred Maier
Alter Kirchweg 68,
25474 Hasloh
Tel. 04106-4384
mail: maier4384@gmx.de

Kontakt vor Ort:
Kreis Pinneberg
Untere Naturschutzbehörde
Moltkestr. 10
25421 Pinneberg
Tel. 04101-212-0
mail: info@kreis-pinneberg.de
www.kreis-pinneberg.de

NATURSCHUTZGEBIET „INSELN IM GROSSEN PLÖNER SEE UND HALBINSEL STÖRLAND"

Der 1992 als Naturschutzgebiet ausgewiesene Teil des Plöner Sees mit den Inseln Alswarder, Konau, Langes Warder, Rottenwarder und kleineren Vorinseln sowie der Halbinsel Störland gehört zum Naturraum der Holsteinischen Schweiz. Die Landschaft ist geprägt durch zahlreiche große und kleine **Seen** sowie größere Waldbestände. Vielfältige Prozesse der letzten Eiszeit hinterließen eine lebhafte Oberflächenform mit zahlreichen Endmoränenzügen. In den von den Gletschern ausgeschabten Becken sammelte sich Wasser zu Seen. Der Plöner See ist der größte See Schleswig-Holsteins und zählt zu den nährstoffreichen Gewässern. Mehrere **bewaldete Inseln** heben sich aus ihm empor. Der See wird von der Schwentine durchflossen, die einen Großteil der Nährstofffracht in das Gewässer bringt. Die Halbinsel Störland ist durch mehrere Knicks und Erlenreihen kleinräumig gegliedert. Während der Südteil und das Zentrum überwiegend durch **extensives Weidegrünland** und Binsensümpfe eingenommen wird, schließt sich zum Plöner See hin ein Gürtel nassen **Erlenbruchwaldes** an. Das Naturschutzgebiet umfasst einschließlich der Wasserflächen eine Fläche von 261 Hektar und bietet Wasser- und Röhrichtvögeln Brut-, Rast- und Durchzugsmöglichkeiten. Der Große Plöner See ist eines der wichtigsten **Brut- und Rastgewässer** Schleswig-Holsteins. Das Gebiet ist Bestandteil des Europäischen ökologischen Netzes **„Natura 2000"** (FFH- und Vogelschutzgebiet).

Halbinsel Störland mit vorgelagerter Inselwelt (Thi)

Erlenbruchwald (AVJ)

Rohrweihe (Mor)

Brüten, mausern und rasten

Zu jeder Jahreszeit ist der Große Plöner See für viele Vogelarten von zentraler Bedeutung. Im Frühjahr und Sommer brüten schilfbewohnende Arten wie Rohrweihe und Rohrsänger in den Röhrichtbeständen, Enten und Gänse auf den Inseln. Durch den seit Jahrzehnten anhaltenden Schilfrückgang neh-

Haubentaucher (Mor)

Reiherente (LLUR)

men die Bestände der Röhrichtbewohner jedoch ab. Der bekannteste Brutvogel des Gebietes ist der Seeadler. Im Sommer und Frühherbst versammeln sich große Scharen an Enten, Gänsen und Blässrallen auf dem See, um hier in Ruhe ihren Gefiederwechsel vorzunehmen. Während der Mauser sind alle Wasservögel über mehrere Wochen flugunfähig. Da sie in ihrer Mobilität eingeschränkt sind, versuchen sie echten oder vermeintlichen Gefahren frühzeitig schwimmend auszuweichen. Jede Störung in der Mauserzeit ist für die Vögel kräftezehrend. Sie benötigen Ruhe und leicht erreichbare Nahrungsgründe, die sie in den flachen Seeteilen zwischen den Inseln finden. Im Herbst und Winter ist der Plöner See Rast- und Überwinterungsgebiet für tausende durchziehender Vögel. Reiher- und Schellenten, aber auch Haubentaucher, Graugänse, Zwergmöwen und Blässrallen rasten am Großen Plöner See. Als Lebensraum für Wasservögel ist der Große Plöner See von internationaler Bedeutung.

Schutz- und Pflegemaßnahmen

Pflege- und Entwicklungsmaßnahmen finden vor allem auf Störland statt. Durch eine extensive Beweidung wird versucht, Vegetationsgemeinschaften und Gänseäsungsflächen zu erhalten. Durch die Unterbindung der Entwässerung der Störlandwiesen werden die natürlichen Senken wiedervernässt, die Wälder können sich ungestört entwickeln. Um die Inseln besteht eine Fischereisperrzone und Boote ohne Motorkraft dürfen das Gebiet nur innerhalb des auf der Karte markierten Bereiches durchfahren.

ERNÄHRT VIELE TAUSEND ENTEN: DIE WANDERMUSCHEL

Wandermuschel (Hec)

Diese aus dem südlichen Russland stammende Muschel hat über den Ausbau des Kanalsystems im 19. Jahrhundert nach und nach ganz Westeuropa besiedelt. Während der Fortpflanzungszeit im Sommer produzieren die erwachsenen, an festen Oberflächen festsitzenden Tiere große Mengen an beweglichen Plankton-Larven, die rasch neue Lebensräume besiedeln. Die Wandermuscheln, von denen manchmal mehrere Tausend Individuen auf einem einzigen Quadratmeter gezählt werden können, dienen vielen Tauchenten als Nahrung. Auf die Einwanderung dieser Muschel in den Großen Plöner See folgte eine starke Zunahme der auf Weichtiere spezialisierten Enten wie die Reiherente. Durch ihr massenhaftes Auftreten kann die Wandermuschel einheimische Muschelarten verdrängen.

Wandermuschel, Gruppe auf Stein (Hec)

Seeadler (Jungvogel) (Aug)

SEEADLER – EINDRUCKSVOLLER GREIFVOGEL

Der bekannteste Brutvogel des Großen Plöner Sees ist der Seeadler. In den Kronen hoher Bäume errichtet er aus Ästen und Zweigen sein großes Nest, in das 1-3 Eier gelegt werden. Der riesige Adler ist der größte Greifvogel Nordeuropas und hinterlässt immer einen überwältigenden Eindruck. Seine Silhouette mit den rechteckigen und breiten Flügeln mit einer Spannweite von 2– 2,4 m und dem kurzen, keilförmigen Schwanz ist im Segelflug gut zu erkennen. Die Altvögel unterscheiden sich mit ihrem weißem Schwanz, ihrem hellen Kopf und dem mächtigen, blass gelben Schnabel von den dunkler gefärbten Jungvögeln. Dieses Alterskleid ist nach ca. fünf Jahren ausgebildet. Sehr kraftvoll, aber mit Geschick ergreift der Seeadler Fische und Wasservögel. Aber auch Aas wird nicht verschmäht. Störungen am Brutplatz veranlassen den scheuen und seltenen Vogel zur Brutaufgabe – auch deshalb dürfen die Inseln im Großen Plöner See nicht aufgesucht werden.

Seeadler greift Beute (Mor)

GRAUGÄNSE

Grauganstamilie (Rut)

Gänseleben im Jahreslauf

Die Inseln im Großen Plöner See sind seit Menschengedenken Brutplatz der Graugänse, da sie hier Schutz vor Störungen und Feinden finden. Bereits im Februar/März beziehen sie ihre Nistplätze; die meisten Jungen schlüpfen im April. Im Juni sammeln sich hier große Scharen auch auswärtiger Vögel zur Mauser, während der sie zeitweise flugunfähig sind. Ab Juli verteilen die Graugänse sich dann auf die Rastplätze in der Plöner Seenplatte und der weiteren Umgebung. Seit einigen Jahren neigt eine zunehmende Zahl von Gänsen dazu, auch den Winter in Schleswig-Holstein zu verbringen. Man kann daher davon ausgehen, dass einige Graugänse des Plöner Sees sich inzwischen fast ganzjährig im Gebiet aufhalten.

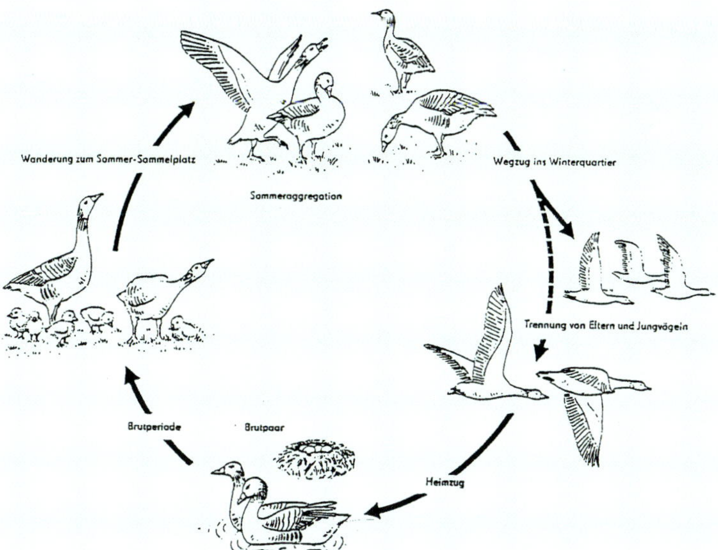

Gänseleben im Jahreslauf (Grafik: Rutschke)

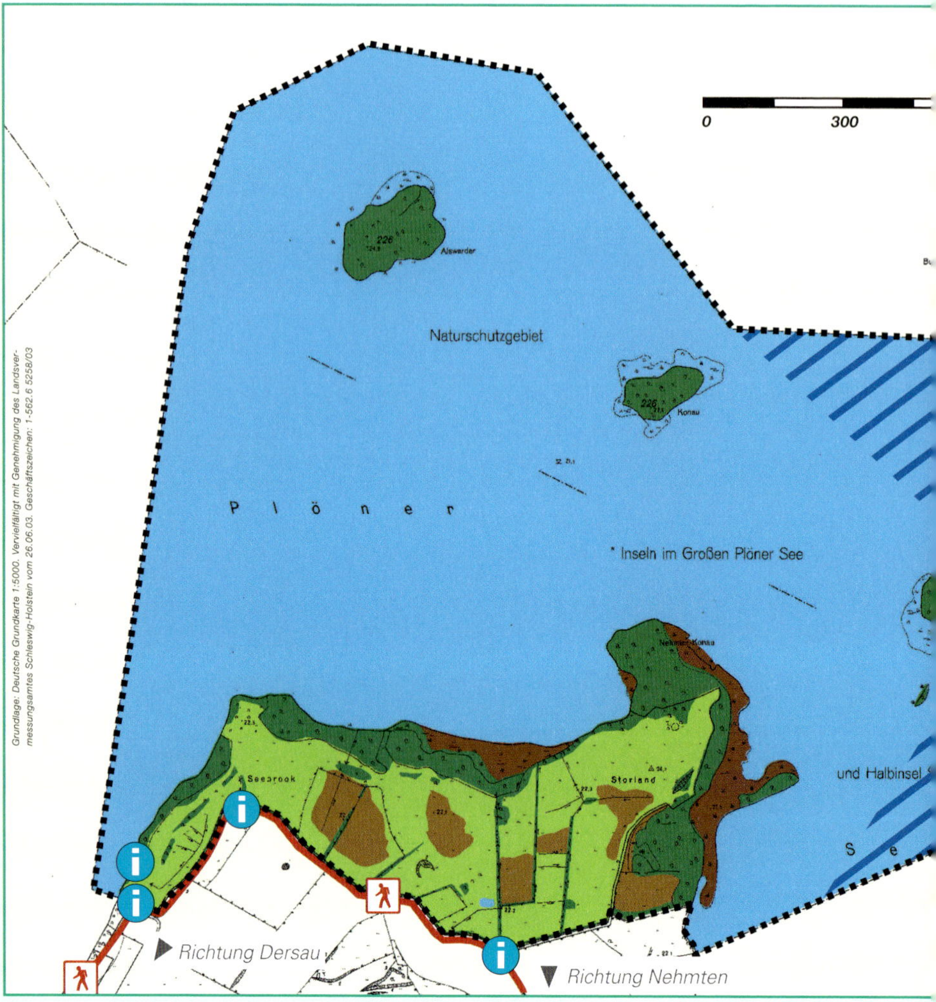

0
300
Naturschutzgebiet
Alswarder
Konau
P l ö n e r
* Inseln im Großen Plöner See
und Halbinsel
S e
Seebrook
Storland
Richtung Dersau
Richtung Nehmten
Grundlage: Deutsche Grundkarte 1:5000. Vervielfältigt mit Genehmigung des Landsvermessungsamtes Schleswig-Holstein vom 26.06.03. Geschäftszeichen: 1-562.6 5258/03

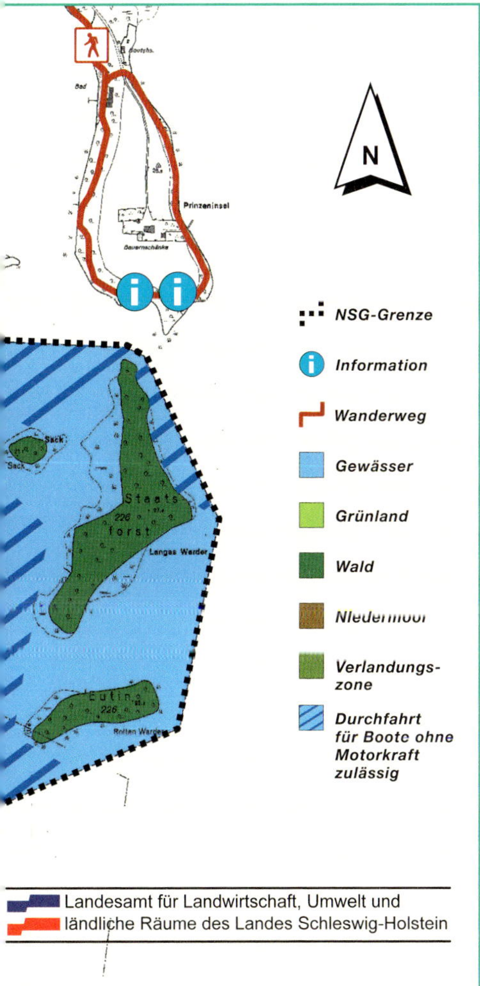

Betreut durch:
NABU
Schleswig-Holstein
Färberstraße 51
24534 Neumünster
Tel. 04321-53734
mail: info@nabu-sh.de
www.nabu-sh.de

Kontakt vor Ort:
Kreis Plön
Untere Naturschutzbehörde
Hamburger Straße 17-18
24306 Plön
Tel. 04522-743-0
mail: verwaltung@kreis-ploen.de
www.kreis.ploen.de

Neue Hakenbildung am Krummsteert (Kai)

NATURSCHUTZGEBIET „KRUMMSTERT – SULSDORFER WIEK / FEHMARN“

Das Naturschutzgebiet „Krummsteert – Sulsdorfer Wiek/Fehmarn“ wurde aufgrund seiner Vielgestaltigkeit und **natürlichen Küstendynamik** mit etwa 300 ha im Jahr 1980 unter Schutz gestellt. Viele **küstentypische Biotope unterschiedlicher natürlicher Entwicklungsstadien** mit vielen daran angepassten und mittlerweile selten gewordenen Tier- und Pflanzenarten kommen hier noch vor. Das Gebiet ist Bestandteil des Europäischen ökologischen Netzes **„Natura 2000“** (FFH-Gebiet und Vogelschutzgebiet).

Entstehungsgeschichte

Die südwärts gerichtete Meeresströmung an der Westküste von Fehmarn verfrachtet schon seit vielen hundert Jahren Material vom Meeresgrund an die Südwestspitze von Fehmarn. Es bildete sich zunächst ein Nehrungshaken, der im Laufe der Zeit die ehemalige Insel Flügge vereinnahmte und sich später an deren Südküste weiter aufbauen konnte. So entstand die heutige

Form des Krummsteert, die auch jetzt noch der natürlichen Dynamik der auf- und abbauenden Kräfte des Meeres stark ausgesetzt ist.

Der Krummsteert

Auf den vegetationsfreien Außenstränden des Krummsteert findet die vom Aussterben bedrohte Zwergseeschwalbe noch geeignete Brutplätze. Aber auch Austernfischer und Sandregenpfeifer sind hier heimisch. Am Spülsaum siedeln sich Pflanzenpioniere wie Salzmiere und Meersenf an, die gut an die externen Bedingungen wie Salzgehalt und Wellenschlag angepasst sind. Vom Wasser antransportiertes Material lagert sich später hinter diesen Pflanzen ab. Durch weitere Sandanwehungen bilden sich im Laufe der Zeit Dünen. Dabei hält der Strandhafer mit seinen unterirdischen Ausläufern und seinem dichten Wurzelwerk den Sand in den Dünen fest. Aber auch Stranddistel, Meerkohl und Grasnelken gedeihen an diesen trockenen Standorten. In den dazwischen liegenden und vom Salzwasser beeinflussten nassen Senken wachsen Arten der Salzwiesen wie Queller, Strandflieder und Strandaster. Damit die z. T. sehr seltenen Arten nicht gestört werden, besteht ein Betretungsverbot für den Krummsteert.

Salzwasserlagune (Kai)

Die Sulsdorfer Wiek

Nach der großen Ostseesturmflut von 1872 wurde die ehemalige seichte Bucht durch Eindeichung von der Ostsee abgetrennt und bis in die siebziger Jahre als Teich bewirtschaftet. Nach Aufgabe der Teichwirtschaft breitet sich der Röhrichtgürtel um dieses flache Gewässer immer mehr aus und bietet zahlreichen Schilfbewohnern, wie der Rohrdommel, Lebensraum. Im Spätsommer, wenn niedrige Wasserstände herrschen, rasten hier zahlreiche nordische Zugvögel.

Windwatten und Salzwiesen

Im Schutze des Nehrungshakens liegen die seichten Gewässer der Orther Bucht. Bei starken Westwinden fällt dann das „Windwatt" trocken, das mit seinen zahlreichen Bodentieren den Wasser- und Watvögeln reichliche Nahrung bietet. Am nördlichen Rand der Orther Bucht liegen Brackwasserröhrichte und Salzwiesen, in denen auch die Strandaster blüht. In den flachen und geschützten Tümpeln lebt u.a. die Wechselkröte.

Meerkohl (NABUWa)

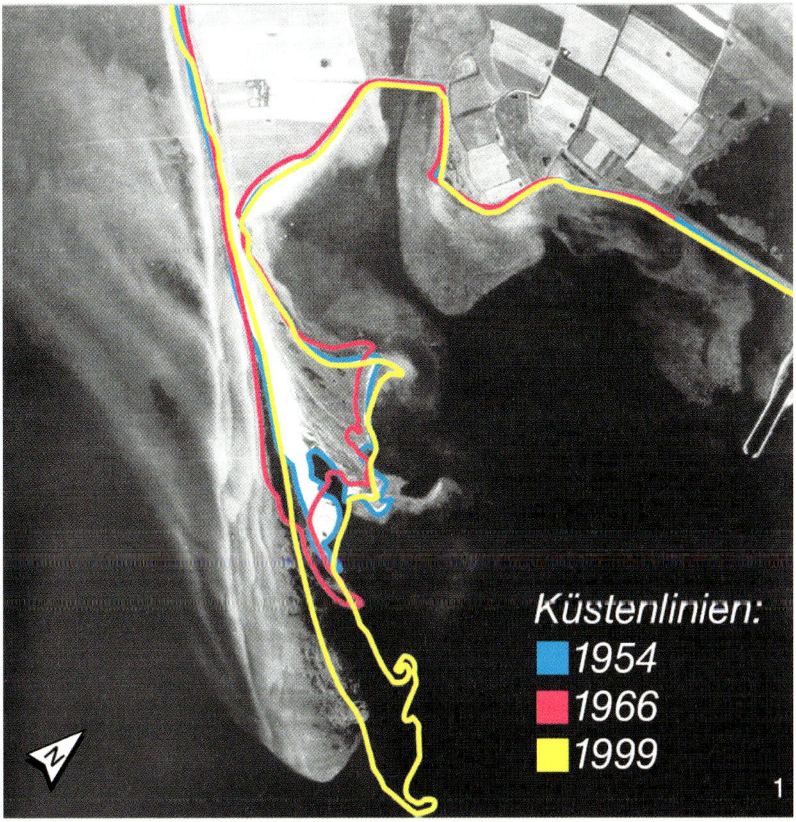

Luftaufnahme von 1954: In Schleswig-Holstein gibt es nur wenige Nehrungshaken, die sich entsprechend de Küstendynamik natürlich weiterentwickeln können. Der Krummsteert ist einer davon. (LVA)

LEBEN IM SCHILFRÖHRICHT

Schilfröhrichte bestehen aus dem Gemeinen Schilfrohr. Das bis zu 4 m hohe Gras ist ein Verlandungspionier und keimt zunächst auf trocken gefallenen Schlickböden. Durch seine bis zu 20 m langen Ausläufer kann es sich dann sehr schnell ausbreiten. Auch zu Boden geknickte Halme können wiederum Wurzeln und neue Stängel ausbilden. Manchmal bestehen riesige Schilfbestände ursprünglich nur aus einer Pflanze! Durch Sauerstoffabgabe der im Wasser befindlichen Stängelteile trägt das Schilf maßgeblich zur Selbstreinigung der Gewässer bei. Durch ein ausgeklügeltes System von Luftkanälen in den Halmen werden zudem die Wurzeln mit Sauerstoff versorgt. Unzählige Insekten und Spinnen haben sich auf diesen Lebensraum spezialisiert. Die metallisch grün bis bronzefarbenen Schilfkäfer sitzen auf den Pflanzen im oder am Wasser. Ihre unter Wasser lebenden Larven bohren zur Atmung die Luftkanäle des Schilfrohres an. Die variabel gefärbte Schilfradspinne spannt zwischen den Schilfhalmen ihre großen Netze, um damit ihre Beute zu fangen. Viele der im Schilf lebenden Vogelarten halten sich hier versteckt und sind oft nur über ihren Gesang zu bemerken. Die hier vorkommenden Teich- und Schilfrohrsänger sind durch ihre Färbung und Muster ideal an den Lebensraum Schilf angepasst. Sie bauen ihre Nester meist aus vorjährigen

Teichrohrsänger (Knö)

Schilfrohrsänger (NABUWa)

Schilfrispen, die sie zwischen den Schilfhalmen befestigen. Ein sehr versteckter Schilfbrüter ist die Rohrdommel. Der dumpfe Ruf dieses Vogels, der zwischen Februar und Juli zu hören ist, brachte ihm auch den volkstümlichen Namen „Moorochse" ein. Die Wasserralle lebt ebenfalls zurückgezogen im Schilf und steht nur selten frei an der Schilfkante, um ein Sonnenbad zu nehmen oder sich zu putzen.

Wasserralle (NABU)

Rohrdommel (NABUWa)

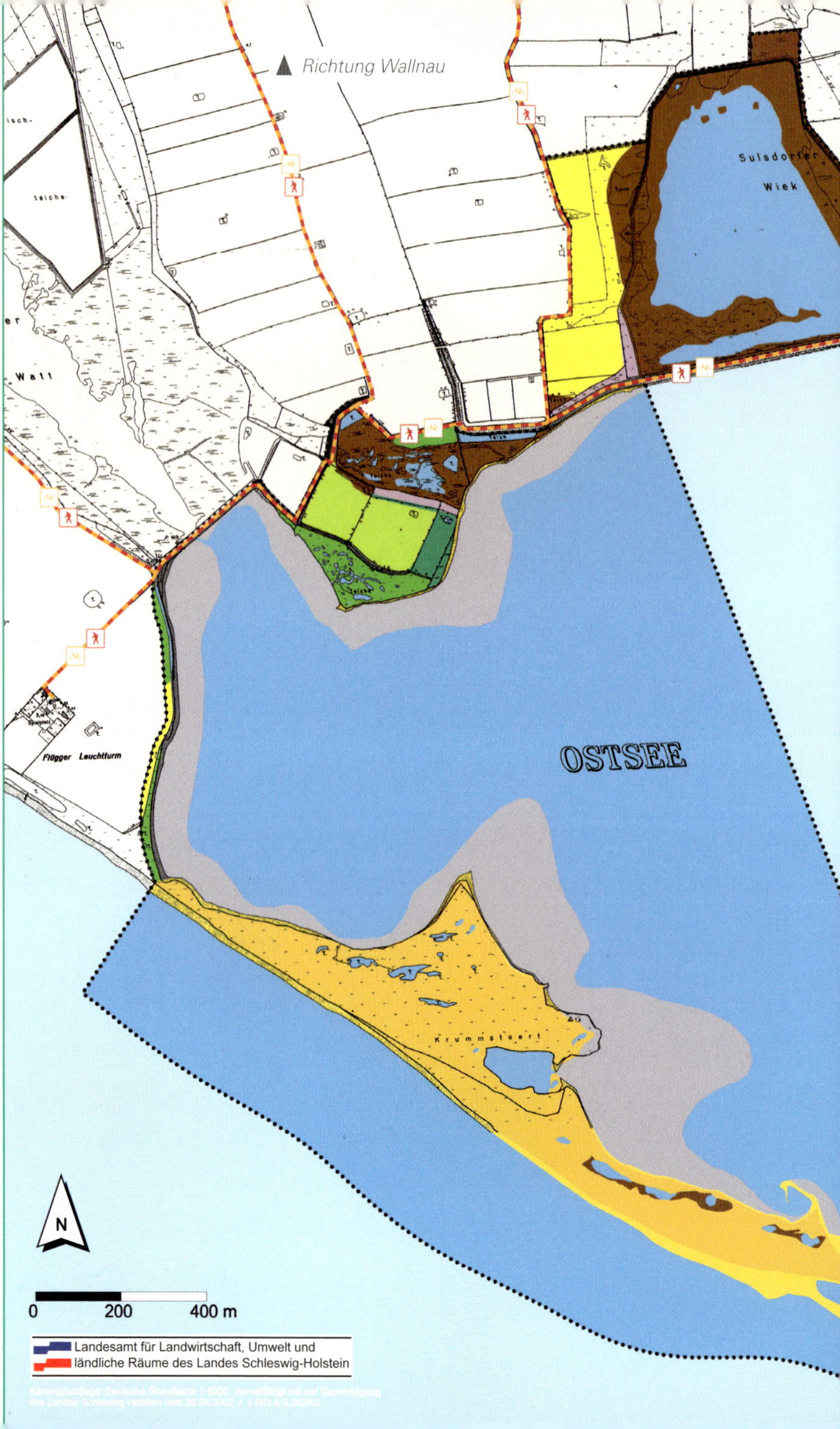
Richtung Wallnau
Sulsdorfer
Wiek
Watt
teiche
Flügger Leuchtturm
OSTSEE
Krummsteert
N
0
200
400 m
Landesamt für Landwirtschaft, Umwelt und
ländliche Räume des Landes Schleswig-Holstein

- Grenze des Naturschutzgebietes
- Strand/Steilküste
- Strandwall
- Salzwiese
- Röhricht
- Acker
- Grünland
- Ruderalfluren
- Gebüsch
- Windwatt
- Gewässer
- Küstenbefestigung
- Rad-/Wanderweg

Betreut durch:
NABU Schleswig-Holstein
Färberstraße 51
24534 Neumünster
Tel. 04321-53734
mail: info@nabu-sh.de
www.nabu-sh.de

Kontakt vor Ort:
Wasservogelreservat Wallnau
23769 Westfehmarn
Tel. 04372-1002
mail: mail@NABU-Wallnau.de
www.NABU-Wallnau.de

Kreis Ostholstein
Untere Naturschutzbehörde
Lübecker Straße 41
23701 Eutin
Tel. 04521-788-0
mail: info@kreis-ostholstein.de
www.ostholstein.de

Historische Karte *(Vahrendorfsche Karte 1789-1796)*

NATURSCHUTZGEBIET „KUDENSEE UND UMGEBUNG"

Der Kudensee ist einer der letzten nicht trockengelegten **Marschseen** Dithmarschens. Bereits 1938 wurde der See als Naturschutzgebiet „Vogelfreistätte Kudensee" mit rund 83 ha dem Schutz des Reichsnaturschutzgesetzes unterstellt. Mit der Landesverordnung über das Naturschutzgebiet Kudensee und Umgebung von 1992 wurde das NSG auf 246 ha erweitert. Damit wurde der See mit seinem Röhrichtsaum, sowie den im Süden und Westen angrenzenden Spülfeldern und **Feuchtgrünlandflächen** als Schutzgebiet ausgewiesen. Er dient als **Brut-, Rast- und Nahrungsgebiet** vieler z.T. gefährdeter Vogelarten. Seine naturnahen Ufer aus **Schilfröhricht** und **Bruchwald** stellen einen beruhigten Rückzugsraum für die Pflanzen- und Tierwelt dar. Die angrenzenden Feuchtgrünlandflächen sind besonders für Wiesenvögel und rastende Durchzügler im Winterhalbjahr von Bedeutung. Die Stiftung Naturschutz ist Eigentümerin der Flächen. Das Gebiet ist Bestandteil des Europäischen ökologischen Netzes **„Natura 2000"** (FFH-Gebiet und Vogelschutzgebiet)

Froschbiss (LLUR)

Entstehung der Kudensee-Niederung

In der vorletzten Kaltzeit, der Saaleeiszeit, wurde die heutige Geestkante (Altmoräne) als 10 – 40 m hoher Kliffrand in der Linie Kuden - St. Michaelisdonn - Meldorf und weiter nördlich bis Tondern von den Eismassen aufgeschoben, von der heute ein guter Überblick auf die gesamte Niederung möglich ist. Während der Weichseleiszeit (vor ca. 20.000 Jahren) war das Nordseebecken eisfrei und die Geestsander von Schmelzwasserrinnen durchzogen. Es folgte eine Zeit starker Klimaschwankungen, die den Meeresspiegel steigen und wieder sinken ließen. In Dithmarschen wurde eiszeitliches Bodenmaterial von der Geest durch Brandung und Strömung parallel in Form von Nehrungen verfrachtet und aufgeworfen (Donnlinie). Die landwärtige Kudenseeniederung wurde dadurch vom Meereseinfluss abgeschnitten, das ablaufende Binnenwasser staute sich. In der von Sturmfluten der Nordsee z. T. noch überfluteten Niederung entwickelten sich im Rahmen der Verlandung Bruchwälder und Moore. Während die Wasserfläche im 18. Jahrhundert noch etwa 500 ha aufwies, verringerte diese sich durch Entwässerung der Niederung, vor allem durch den Bau des Nord-Ostsee-Kanals und den Einsatz des Kudenschöpfwerks auf etwa 25 ha.

Ein Paradies für die Vogelwelt

Der Kudensee ist ein bedeutendes Brut-, Rast- und Nahrungsgebiet für Wat- und Wasservögel. Aus diesem Grund ist der Kudensee auch Europäisches Vogelschutzgebiet. Der Reichtum der Vogelwelt erklärt sich aus den ver-

Uferschnepfe (Aug)

Zwergschwäne (Aug)

schiedenartigen Lebensräumen. Im ungestörten Schilfgürtel brüten beispielsweise Rohrdommel, Rohrweihe und Rohrammer. Die feuchten Wiesen bevorzugen insbesondere Watvögel, wie Kiebitz, Rotschenkel, Kampfläufer, Uferschnepfe und Säbelschnäbler, aber auch z.B. der Wiesenpieper zur Aufzucht der Jungen. Außerhalb der Brutzeit ist das Grünland ein wichtiges Rast- und Überwinterungsgebiet für nordische Durchzügler. Die Zahl der

Säbelschnäbler (LLUR)

Zwergschwäne steigt bis Ende April auf 1000 Vögel. Sie vergesellschaften sich mit tausenden von Pfeif-, Spieß-, Krick- und Knäkenten sowie mit Scharen von Grau-, Nonnen- und Kanadagänsen. Diese Vogelscharen nutzen die feuchten Wiesen insbesondere zur Nahrungssuche und den See vor allem als Balz- und Schlafplatz. Mit ihrem melodischen, zweisilbigen Ruf machen auch die durchziehenden Goldregenpfeifer immer wieder auf sich aufmerksam.

Schutz- und Pflegemaßnahmen

Durch geeignete Schutz- und Entwicklungsmaßnahmen sollen die verschiedenen Lebensräume des Kudenseegebietes erhalten und gesichert werden. Bereits 1980 wurden umfangreiche Renaturierungsmaßnahmen getroffen, um Stoffeinträge und Verlandung des Sees zu minimieren. 1988/99 wurden der westliche Bereich des Naturschutzgebietes mit einer flachen Verwallung umgeben und 6 Mönche (Überlaufkästen) im Randbereich eingebaut, wodurch der Wasserstand reguliert werden kann. Ziel ist es, Flächen als Brut-, Nahrungs- und Rastgebiet für Wiesen- und Rastvögel zu erhalten und zu entwickeln. Die Vernässung der Flächen erfolgt dabei ausschließlich durch Niederschlagswasser. Die Röhricht- und Bruchwaldbereiche sollen sich dagegen möglichst ungestört selbst entwickeln und von Störungen frei gehalten werden.

Landesamt für Landwirtschaft, Umwelt und ländliche Räume des Landes Schleswig-Holstein
Richtung K
Naturschutzgebiet
N.S.G
Kudens
Richtung Eddelak
Gewässer
NSG-Grenze
Verlandungszone
Wanderweg
Grünland
Radweg
Wald / Gehölze
Information
Niedermoor-entwicklungsstadien
Parken
Röhricht
Aussichtsturm
0

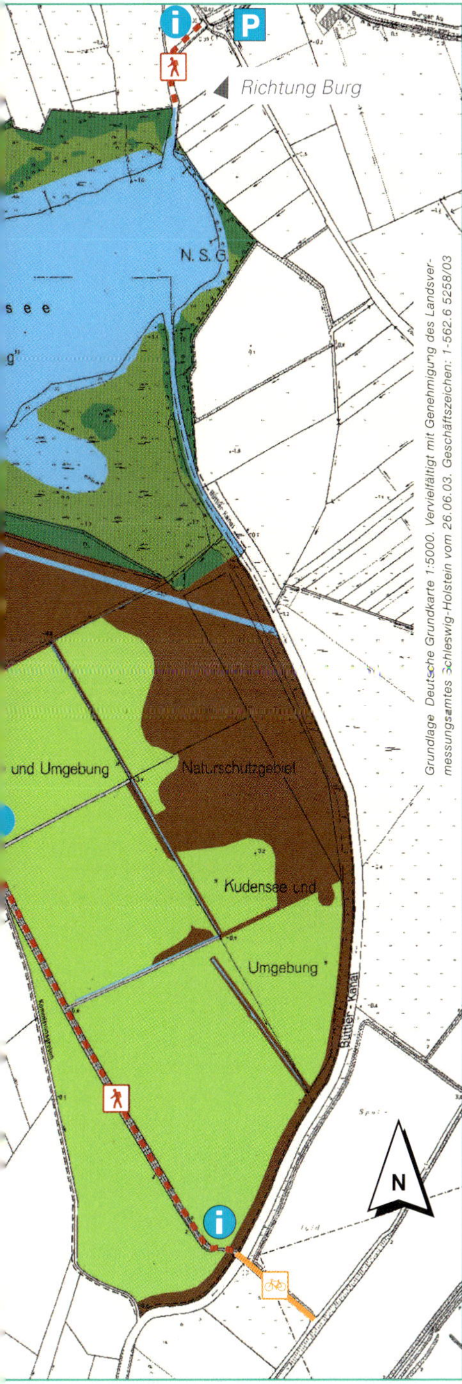

Betreut durch:
Peter Todt
Buchholzer Moor 8
25712 Buchholz
Tel. 04825-92182

Kontakt vor Ort:
Kreis Dithmarschen
Untere Naturschutzbehörde
Stettiner Straße 30
25746 Heide
Tel. 0481-97-0
mail: info@dithmarschen.de
www.dithmarschen.de

Flache von Heide bedeckte Hügel und vermoorte Senken bestimmen das Landschaftsbild (Mo)

NATURSCHUTZGEBIET „LÜTJENHOLMER HEIDEDÜNEN"

Das nordöstlich von Lütjenholm, am Rande der Soholmer Au gelegene Naturschutzgebiet „Lütjenholmer Heidedünen" wurde bereits 1938 in einer Flächengröße von 16,6 ha unter Schutz gestellt. Ziel der Ausweisung war der Erhalt eines von Heiden bedeckten Dünenlandschaftsrestes in einem der größten **Flugsand- und Binnendünengebiete** der Schleswiger Vorgeest. Neben einigen wenigen anderen Schutzgebieten im weiteren Umkreis handelt es sich um eines der letzten, im Vergleich zur ehemaligen Ausdehnung winzigen Überbleibsel jener **Heidelandschaft**, die vor 1900 noch weite Landesteile bedeckt hatte. Nach dem Zweiten Weltkrieg konnte das Schutzgebiet nur knapp vor der Aufforstung mit Nadelgehölzen bewahrt werden. Heute ist das NSG eines der Schwerpunktgebiete des Heideschutzes in Schleswig-Holstein. Neben kleinen Heidemooren mit hochmoortypischen Pflanzenarten sind zwischen völlig vergrasten Bereichen noch großflächig verschiedene Altersstadien besonders schutzwürdiger **Trocken- und Feuchtheiden** erhalten. Die Lütjenholmer Heidedünen sind Bestandteil des Europäischen ökologischen Netzes **„Natura 2000"** (FFH-Gebiet).

Was ist eine Binnendüne?

Heute kennen wir Dünen eigentlich nur noch von den Küstenregionen an Nord- und Ostsee. Aber es gibt auch im Binnenland Dünen, deren Ursprung auf die Zeit zum Ende der letzten Eiszeit („Weichsel-Vereisung") zurückgeht. Damals, vor etwa 13.000 Jahren, als die bis zur Linie Flensburg- Schleswig vorgerückten Gletscher weitgehend wieder abgetaut waren, dehnte sich hier eine nur sehr lückig bewachsene Tundra aus. Mit dem Schmelzwasser wurden große Sandmengen nach Westen verfrachtet („Sander"). Die breiten Ströme schnitten sich teilweise tief in die Sandflächen ein. Der beständige Wind griff an den Kanten an, wehte den Sand zu Dünen oder Flugsandflächen auf und formte so diese bewegte Dünenlandschaft.

Die Sandsegge, die „Nähmaschine Gottes", legt mit ihren langen Ausläufern den Dünensand fest. (Mo)

Entstehung der Heide

Heiden sind von Zwergsträuchern wie Besenheide, Krähenbeere oder auch Glockenheide beherrschte Pflanzengemeinschaften. Während die Heiden an den Küsten überwiegend natürlichen Ursprungs sind, entstanden die Heiden im Binnenland als Folge menschlicher Tätigkeit. Noch bis in das Mittelalter hinein war die Geest, mit Ausnahme der Hochmoore, fast vollständig von Wald bedeckt. Aufgrund des enormen

Schnitt durch Heideboden („Podsand") auf Dünensand (Mo)

Bedarfs an Bau- und Brennholz sowie zur Gewinnung von Holzkohle für die Verhüttung von Raseneisenerz wurde ein intensiver Holzeinschlag betrieben. Vor allem im Bereich der kargen Dünen und Flugsandgebiete verstärkten Waldrodung und Überweidung mit Schafen die Aushagerung der Böden, auf denen schließlich nur noch Spezialisten wie Besenheide oder Glockenheide siedeln konnten. Nach dem Verlust der Wälder auf der Geest waren Heiden die einzigen Lieferanten für Brennmaterial und Stalleinstreu. Dazu wurden Gras- und Heidesoden mit der Plagg-Hacke entfernt. Zurück blieb der ungeschützte Mineralboden. Mit dem Viehmist vermengt wurden die Plaggen dann als Dünger auf die Äcker aufgebracht. Diese Formen der „Heidewirtschaft" waren wesentliche Ursache dafür, dass die Heiden über viele Jahrhunderte hinweg erhalten blieben. Der Plaggenhieb und die schwer zersetzbare Heide-Streu förderten die Versauerung und Verarmung der Böden und damit die Auswaschung von Mineralstoffen aus dem Oberboden durch den Regen.

Die Heide wird durch kontrolliertes Feuer (Mitte) und Plaggen (hinten) gepflegt. (Mo)

Erhalt der Heide durch Pflege

Nahmen die Heiden um 1850 noch ca. 17 % der Landesfläche ein, schrumpften sie bis heute auf weniger als 0,5 %. Wesentliche Ursachen waren die Fortschritte in der Landwirtschaft sowie systematische Aufforstungsprogramme. Mit Einführung des Mineraldüngers konnte auch in den Heiden die landwirtschaftliche Nutzung intensiviert und ihre Umwandlung in ertragreicheres Grün- oder Ackerland ermöglicht werden. In den verbliebenen Heidegebieten führten die Einstellung der althergebrachten Nutzung sowie Einträge von Nährstoffen aus der Luft zu einer schleichenden Überalterung („Vergreisung") und nachfolgenden Vergrasung der Heidebestände. Dabei wird die typische Heidevegetation von artenarmen Gräserfluren, in denen je nach Standort Drahtschmiele oder Pfeifengras vorherrschen, verdrängt. Später kommen vermehrt Gebüsche oder Bäume wie die Zitterpappel auf. Es entwickelt sich wieder ein Wald. Um die Reste dieser alten Heide-Kulturlandschaft zu erhalten, werden die historischen Nutzungsweisen wieder aufgenommen oder mit modernen Geräten nachgeahmt. Besonderes Augenmerk gilt der Besenheide, die in ihrer Optimalphase das „heidetypische Aussehen“ bestimmt. Diese benötigt für ihre „Verjüngung“ weitgehend von Rohhumusschichten befreite Sandböden. Nur hier kann ihre Saat keimen und zu neuen Heidepflanzen heranwachsen.

Seltene Pflanzen und Tiere

Im Naturschutzgebiet lebt eine seltene, in den letzten Jahrzehnten aus unserer Landschaft nahezu vollkommen verschwundene Pflanzen- und Tiergemeinschaft. Viele der hier vorkommenden Arten finden in der landwirtschaftlich intensiv genutzten Umgebung keine für sie geeigneten Lebensbedingungen mehr. Sie mussten sich in das Naturschutzgebiet, wie auf eine Insel, zurückziehen und leben hier isoliert ohne Verbindung zu anderen Gebieten. Botanische Kostbarkeiten finden sich vor allem in den feuchten und vermoorten Dünentälern. Beinahe alle hier vorkommenden Pflanzenarten stehen auf der Roten Liste.

Englischer Ginster (Mo)

Grabwespenweibchen (Voi)

Aufgrund der einzigartigen Temperatur- und Trockenheitsbedingungen haben die Heiden und offenen Sandflächen in Schleswig-Holstein eine herausragende Bedeutung für wärmeliebende Insekten, zu denen unter anderem seltene Schmetterlinge, Sandlaufkäfer, Grabwespen, Sandbienen oder auch Spinnen gehören. Als bedeutend ist das Vorkommen der sehr seltenen Uralameise zu bewerten, die hier einen ihrer wenigen Standorte in Schleswig-Holstein hat. Auch bekanntere Arten, wie Rebhuhn, Zauneidechse oder Kreuzotter, sind inzwischen selten geworden. Sie finden häufig nur noch in Schutzgebieten geeignete Rückzugsräume.

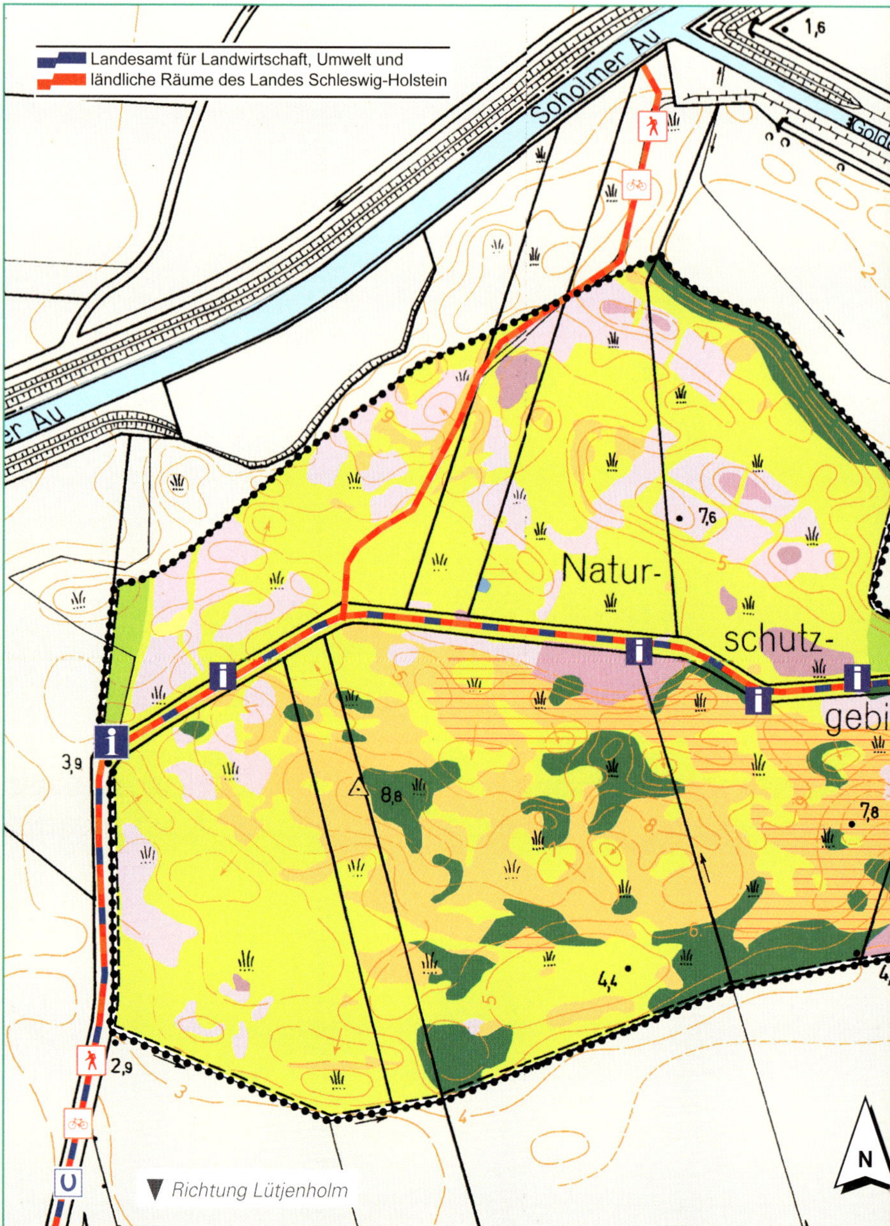

Landesamt für Landwirtschaft, Umwelt und
ländliche Räume des Landes Schleswig-Holstein
Soholmer Au
er Au
Natur-
schutz-
gebi
1,6
7,6
3,9
8,8
7,8
4,4
2,9
Richtung Lütjenholm
N

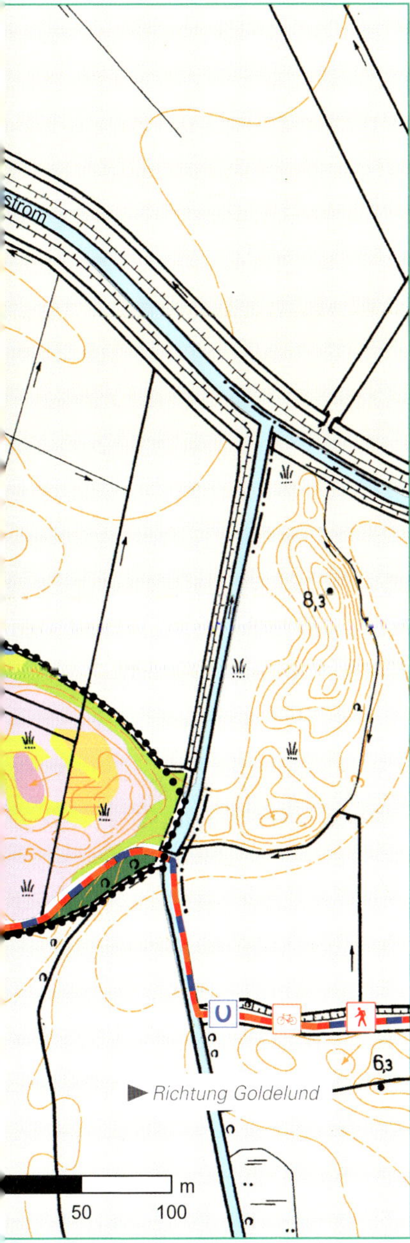

- Heide-Moor
- Feuchtheide
- Sandheide
- Krähenbeerenheide
- "Feuer"-gepflegte Heide
- offener Sand
- vergraste Heide
- Grünland
- Wasser
- Gehölz
- Information
- NSG-Grenze
- Wanderweg
- Radweg
- Reitweg

Betreut durch:
Arbeitsgemeinschaft Geobotanik
in Schleswig-Holstein und Hamburg e.V.
Biologiezentrum der Christian-Albrechts-Universität
Olshausenstraße 75
24118 Kiel
Tel. 0431-880-4030
mail: sekretariat@ecology.uni-kiel.de

Kontakt vor Ort:
Kreis Nordfriesland
Untere Naturschutzbehörde
Marktstraße 6, 25813 Husum
Tel. 04841-67-0
mail: info@nordfriesland.de
www.nordfriesland.de

NATURSCHUTZGEBIET „LÜTJENSEE UND HOCHFELDER SEE SÜDÖSTLICH GUT BOTHKAMP"

Das 155 Hektar große Naturschutzgebiet „Lütjensee und Hochfelder See südöstlich Gut Bothkamp" besteht seit 1991. Die Niederung wurde von der letzten Eiszeit geformt. Nach dem Abschmelzen des Eises blieben zwei Hohlformen zurück, die sich allmählich mit Wasser füllten. Inzwischen sind die Seen stark verlandet. Kern des ausgedehnten, naturnahen Niederungskomplexes sind die beiden nährstoffreichen Seen, die von ausgedehnten, stark schwingenden **Verlandungszonen mit Röhrichten, Erlenbruchwäldern, Weidengebüschen, Großseggenbeständen und Hochstaudenfluren** umschlossen sind. Im Übergang zur umgebenden, knickreichen Moränenlandschaft erstreckt sich **artenreiches Feuchtgrünland**, das hangaufwärts in extensiv genutztes Grünland übergeht. Das Gebiet ist Bestandteil des Europäischen ökologischen Netzes **„Natura 2000"** (FFH-Gebiet).

Verlandung des Sees

Die natürlicherweise über Jahrtausende ablaufende Verlandung der beiden Seen hat während der letzten Jahrzehnte wie im Zeitraffer stattgefunden. Gefördert wurde diese Entwicklung vermutlich aufgrund starker Nährstoffeinschwemmungen durch die von Warnau kommende Dosenbek. Die Wasserfläche verringerte sich auf ein Bruchteil ihrer früheren Größe. Es sind dabei jedoch Lebensräume wie Bruchwälder, Weidengebüsche, Hochstaudenfluren, Seggenrieder und Schilfröhrichte entstanden, die auch in Schleswig-Holstein selten und gefährdet sind.

Tier- und Pflanzenwelt

Die die Seen umgebenden Verlandungszonen beherbergen eine artenreiche, zum Teil seltene Flora und Fauna. Wegen seiner Abgeschiedenheit wird der Hochfelder See trotz seiner geringen Gewässergröße von Wasservögeln intensiv aufgesucht. Im Herbst können Teile des Sees von Enten geradezu bedeckt sein. Im Frühjahr ist aus den Erlenbrüchen der Gesang des Sprossers zu hören – mit bis zu 30 singenden Männchen eines der konzentriertesten Vorkommen im Lande. Auch Kraniche halten sich seit einigen Jahren dort auf. Die unzugänglichen Röhrichte bieten u. a. Rohrdommel, Rohrweihe, Teichrohrsänger, Löffel- und Schnatterente ungestörte Brutmöglichkeiten. Hochstaudenfluren und Feuchtwiesen sind Lebensräume von Bekassine und Wachtelkönig. Das im benachbarten Wald brütende Seeadlerpaar nutzt den Hochfelder See als Jagdrevier. Die Einrichtung einer

Rohrweihen brüten im Schilf. Sie ernähren sich vorzugsweise von Kleinsäugern und Jungvögeln. Im tiefen und gaukelnden Suchflug ist ihre Jagd über den Schilfflächen gut zu beobachten. (Hec)

„Weidelandschaft" dient dem Ziel, die biologische Vielfalt (Biodiversität) in der Region zu fördern. Hier finden viele Tierarten das für ihre Entwicklung erforderliche enge Nebeneinander verschiedenartiger Lebensräume. Nach Vernässung des Grünlandes durch Aufhebung der Binnenentwässerung breiten sich auf den Weiden seltene und gefährdete Pflanzenarten wie Sumpfdreizack, Zungen-Hahnenfuß und Fieberklee aus. Die Beweidung schafft offene Bodenstellen, auf denen konkurrenzschwache Pflanzen keimen können. Zu diesen gehören auch Blütenpflanzen, die wichtige Nahrungsquellen von Schmetterlingen und Käfern sind. So flattert an warmen Sommertagen eine

Landkärtchen bevorzugen feuchte Hochstaudenfluren mit Brennnesseln. Im Frühjahr entwickeln sich helle (links), im Sommer dunkle Tiere (rechts). (Schlie)

Viele Sumpfpflanzen, wie z. B. der Zungen-Hahnenfuß bevorzugen nasse, z. T. überschwemmte Standorte und benötigen offene Bodenstellen zur Keimung. (Ver)

große Schar an Schmetterlingen wie Kleiner Feuerfalter, Landkärtchen und C-Falter über die Weiden und Staudenfluren.

Entwicklungsziele und -maßnahmen

Die Flächen des Naturschutzgebietes sind fast vollständig von der Stiftung Naturschutz und dem Land Schleswig-Holstein erworben worden und können deswegen im Sinne des Naturschutzes entwickelt werden. Die ehemaligen Grünland- und Ackerflächen im Osten des Gebietes werden heute extensiv beweidet, um je nach Bodenfeuchtigkeit und Nährstoffversorgung unterschiedliche Grünlandtypen entstehen zu lassen. Die Seen werden nicht befischt, so dass sich hier, im Gegensatz zu fast allen anderen Gewässern des Landes, auch die Fischfauna und die Verlandungsbereiche des Sees ungestört entwickeln können. Durch Einstellung bzw. Reduzierung der Gewässerunterhaltung soll ein natürliches Wasserregime erreicht werden, ohne dabei benachbarte Landwirtschaftsflächen zu beeinträchtigen.

Vielfalt durch Beweidung

Der Ostteil des Naturschutzgebietes wird mit Robustrindern zusammenhängend naturschutzgerecht beweidet. Die von der Stiftung Naturschutz Schleswig-Holstein als tierische „Landschaftspfleger" eingesetzten Galloways sind extrem widerstandsfähig. Sie können mit ihren Kälbern das ganze Jahr über auf den Weideflächen bleiben. Gerade die durchgängige Winterbeweidung fördert die Strukturvielfalt im Gebiet, da hierdurch konkurrenzkräftige Pflanzenarten zurückgedrängt werden. Voraussetzung ist eine geschickte Weideführung. Die Zahl der Tiere ist an die im Gebiet aufwachsende Futtermenge angepasst. Zugleich muss die Kuhherde ausreichend groß sein, damit ein funktionierender Sozialverband entstehen kann.

Vom Wanderweg aus bieten sich schöne Ausblicke auf den Hochfelder See und die angrenzenden Moränenkuppen. (Mo)

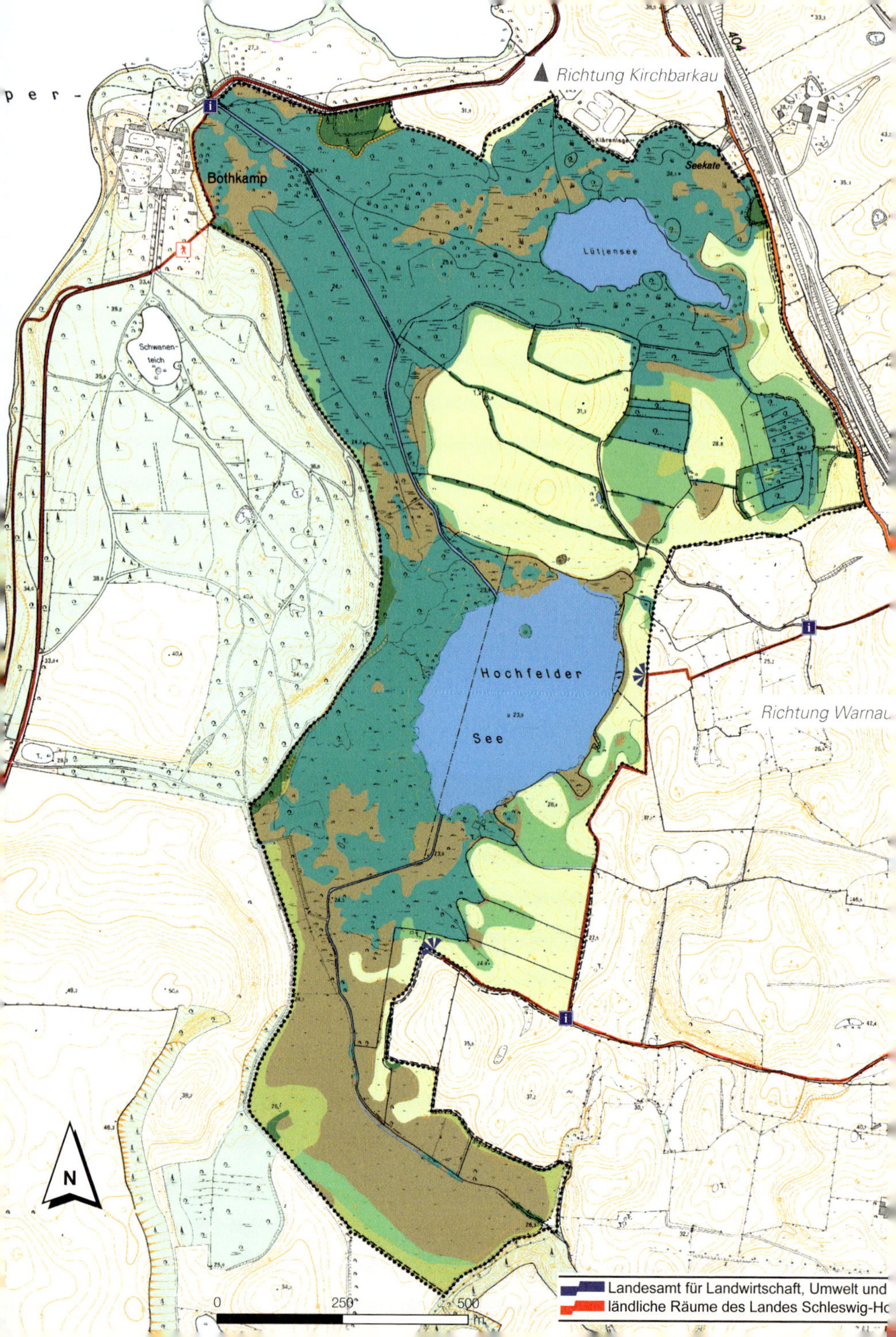

Richtung Kirchbarkau
Bothkamp
Seekate
Lütjensee
Schwanenteich
Hochfelder See
Richtung Warnau
N
0
250
500
m
Landesamt für Landwirtschaft, Umwelt und
ländliche Räume des Landes Schleswig-Ho

Wasser	Wanderweg
Röhricht	Radweg
Grünland mineralischer Standorte	Informationstafel
Feuchtgrünland	Grenze des Naturschutzgebietes
Staudenflur	
Bruchwald, Feuchtwald, Weidengebüsch	
Laubwald, Gehölz, Knicks	

Betreut durch:
NABU Schleswig-Holstein
Färberstraße 51
24534 Neumünster
Tel. 04321-53734;
mail: info@nabu-sh.de
www.nabu-sh.de

NABU Schleswig-Holstein

Kontakt vor Ort:
Kreis Plön
Untere Naturschutzbehörde
Hamburger Straße 17-18
24306 Plön
Tel. 04522-743-0
mail: verwaltung@kreis-ploen.de
www.kreis-ploen.de

Kopfbäume (As)

DAS NATURSCHUTZGEBIET „OLDENBURGER BRUCH“

Das Naturschutzgebiet „Oldenburger Bruch“ ist ein Bestandteil der großen Niederung „Oldenburger Graben“, die sich quer durch die Wagrische Halbinsel von der Hohwachter Bucht bis zur Lübecker Bucht erstreckt. Die reich gegliederte **Niedermoorlandschaft**, die Lebensraum für viele bedrohte Tier- und Pflanzenarten bietet, wurde im Jahr 1998 mit 358 ha unter Naturschutz gestellt. Das Gebiet ist Bestandteil des Europäischen ökologischen Netzes **„Natura 2000“** (Vogelschutzgebiet).

Entstehungsgeschichte des Oldenburger Grabens

Durch das Abschmelzen des Eises nach der letzten Eiszeit entstanden Abflussrinnen des Schmelzwassers von der Stadt Oldenburg aus in östliche und westliche Richtung. Der einsetzende Anstieg des Wasserspiegels der Ostsee füllte diese Abflussrinnen mit Wasser, so dass zunächst kleine Förden entstanden. Im Laufe der Zeit wurden diese durch Strandwallbildung nach und nach vom Meer abgeriegelt und entwickelten sich zu Binnenseen. Schließlich verlandeten die Seen und es lagerten sich mächtige Torfschichten ab – ausgedehnte Niedermoore entstanden. Durch künstliche Entwässerung für die landwirtschaftliche Nutzung wurde diese natürliche Entwicklung unterbrochen. Grabensysteme, Pumpen und Schleusen, die das anstehende Wasser in den „Oldenburger Graben" ableiten, legten die gesamte Niederung weitgehend trocken. Allein der Wesseker See blieb übrig. Torfgewinnung und Aufforstungen führten zu weiteren Eingriffen in diesen einzigartigen Naturraum.

Lebensraum Feuchtwiese

Die Niederung des Oldenburger Grabens ist heute durch Grünlandflächen auf feuchten Niedermoorböden geprägt. Im Zuge der Intensivierung der Landwirtschaft wurden diese landschaftstypischen Flächen jedoch durch ein künstliches Grabensystem stark entwässert, so dass auch an einigen Stellen Ackerbau möglich wurde. Im Naturschutzgebiet sollen die charakteristischen Feuchtweisen und –weiden wieder hergestellt und erhalten werden, um wieder ein Refugium für die typischen Pflanzen- und Tierarten zu schaffen.

Sumpf-Kratzdistel mit Gelber Wiesenraute (As)

Heil-Ziest (As)

Das Grundwasser wird angestaut, um Teilbereiche wieder zu vernässen. Eine extensive Beweidung mit Rindern und Schafen hilft eine Verbuschung zu vermeiden. In den nassen Blänken kommen Schilfröhrichte auf. Seltene Arten, die hier im Feuchtgrünland vorkommen, sind die Gelbe Wiesenraute und das Breitblättrige Knabenkraut. Für viele, zum Teil selten gewordene Wiesenvogelarten wie den Kiebitz, sind diese Gebiete als Rast- und Brutgebiet unerlässlich.

Besonderheiten des Oldenburger Bruchs

Durch Abbau des Niedermoortorfes in lang gestreckten, schmalen Abbaumulden entstand die kleinparzellige Gliederung der Landschaft. Nach dem Abtorfen füllten sich die Mulden wieder mit Wasser und verlanden nun immer mehr, so dass mittlerweile dichte Röhrrichtbestände bis hin zu Weidengebüschen und kleinen Erlenbrüchen in ihnen wachsen. Die Vielfalt in der Vege-

Neuntöter (Mus)

tation bedeutet auch eine Vielfalt der hier lebenden Tierarten: In den Schilfröhrichten brüten Teichrohrsänger, Schilfrohrsänger, Rohrammer, Rohrschwirl und vereinzelt sogar die Rohrweihe. Neuntöter, Sprosser, Braunkehlchen und die vom Aussterben bedrohte Beutelmeise nisten in den Weidengebüschen. Auf den mehr trockenen und sandigen Bereichen des Kleinen Bungsberges findet man die geschützte Karthäuser Nelke und den Heil - Ziest.

Rohrammer (NABU)

Kopfbäume

Die Wege im Oldenburger Bruch sind mit zahlreichen Kopfweiden und – pappeln gesäumt. „Kopfbäume" sind Zeugen einer ehemaligen Nutzungsform, denn diese entlang von Fließgewässern, Gräben und Wegen in Feuchtgebieten wachsenden Bäume wurden oft zur „Kopfholzwirtschaft" genutzt. Dazu werden die jungen Weiden und Pappeln in drei bis vier Meter Höhe geköpft, um das Wachstum neuer Triebe an den Schnittstellen anzuregen. Die schnell wachsenden Triebe (1,5 bis 2m pro Jahr) wurden dann geschnitten und für Flechtwerke und Ruten genutzt. Bei regelmäßigem Schnitt verdickt sich das Stammende kopfartig. Wenn die meist bizarr geformten Kopfbäume altern, faulen sie im Innern oft aus und bilden Höhlungen, in denen Fledermäuse, Steinmarder und Steinkäuze ihren Lebensraum finden. Ehemals war der Oldenburger Bruch das am dichtesten besiedelte Brutgebiet des Steinkauzes in Schleswig – Holstein. 1978 brüteten hier nachweislich noch 4 Paare. Nun ist er nur noch vereinzelt zu hören und soll deshalb verstärkt gefördert werden. Auch Hornissen und Wespen nisten in den Höhlungen der alten Kopfbäume. Um den „Lebensraum Kopfbaum" zu erhalten, werden die Bäume wieder regelmäßig beschnitten.

Richtung Oldenburg
Oldenburger Graben
Feuerwehrhain
Dolgentorbruch
Hohelieth
N
0
200
400 m
Landesamt für Landwirtschaft, Umwelt und
ländliche Räume des Landes Schleswig-Holstein

Betreut durch:
NABU Schleswig-Holstein
Färberstraße 51
24534 Neumünster
Tel. 04321-53734
mail: info@nabu-sh.de
www.nabu-sh.de

NABU Schleswig-Holstein

Kontakt vor Ort:
Kreis Ostholstein
Untere Naturschutzbehörde
Lübecker Straße 41
23701 Eutin
Tel. 04521-788-0
mail: info@kreis-ostholstein.de
www.ostholstein.de

Blick vom Wallberg in Richtung Nordost *(Mo)*

NATURSCHUTZGEBIET „OS BEI SÜDERBRARUP“

Das „Os bei Süderbrarup“ wurde 1956 als Naturschutzgebiet ausgewiesen. Aber bereits viel früher erkannte man die geologische Besonderheit dieses **Wallberges** und so wurde er schon 1926 durch eine Polizeiverordnung gesichert. 2003 ist das Naturschutzgebiet auf 30 ha erweitert worden. Kern des

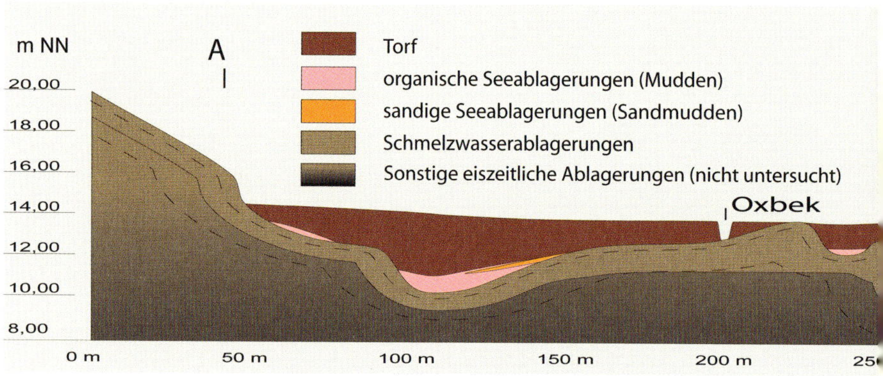

Schutzgebietes ist ein ursprünglich ca. 500 m langer, bis 9 m hoher Damm, ein so genanntes **Os** (von schwedisch „Ås"). Es ist eines der vielen **Eiszeitrelikte**, die im Tal der Oxbek zu finden sind. Bei den rundlichen Kuppen handelt es sich um Ablagerungen eiszeitlicher Spaltenfüllungen, so genannte „Kames". Os-Züge sind auch im Tal der Langballigau sowie im Bereich der Langsee-Rinne anzutreffen. Das Gebiet ist Bestandteil des Europäischen ökologischen Netzes **„Natura 2000"** (FFH-Gebiet).

Zeuge der Eiszeit

Ein Os ist ein markantes Zeichen der eiszeitlichen Vergangenheit unserer Landschaft. Dazu muss man sich das heutige Gebiet unter einem 500 Meter dicken Eispanzer begraben vorstellen. Im Gletschereis und an dessen Sohle gab es Röhren, in denen das Schmelzwasser abfloss. Dieses entstand im Sommer beim Abtauen, aber auch durch die Erwärmung des Eises unter dem enormen Druck. Mit dem Schmelzwasser wurden Sand und Gerölle transportiert und wie in einem Bachbett abgelagert. Aufgrund des unterschiedlichen Fließtempos des Schmelzwassers entstanden im Eistunnel geschichtete Auffüllungen. Beim Abschmelzen des Eises häuften sich die Ablagerungen der Gletscher-Abflussrinnen in Form eines langezogenen Walles auf dem Untergrund an. Dabei kippten die Erdschichten nach außen. Genau diese Neigung hat man durch Grabungen hier am Os feststellen können.

Wechselvolle Geschichte

Nach dem Abklingen der letzten Eiszeit blieben im Talraum der Oxbek zunächst kleine Seen zurück. Im geologischen Übersichtsprofil ist dies an

Geologisches Übersichtsprofil

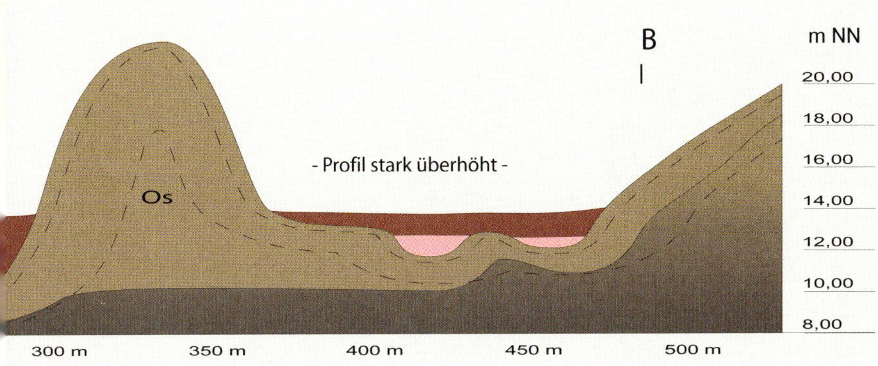

Raupe des Schwalbenschwanzes (PeW)

Schichten mit Seeablagerungen (Mudden) erkennbar. Die mit der Verlandung dieser Seen einsetzende Torfbildung wurde von einem Anstieg des Grundwassers begleitet und führte zur Entstehung tiefgründiger Niedermoore, die den gesamten Talraum hoch auffüllten. Außerhalb der Moore breiteten sich Laubwälder über das Land aus. Mit dichter werdender Besiedlung vor etwa 1.000 Jahren wurde der Wald großflächig gerodet und zur Weide umgewandelt. Da der aktuelle Gehölzbestand auf dem Os erst wenige Jahrzehnte alt ist, dürfte der Wallberg wohl hauptsächlich mit Schafen beweidet worden sein. Auch in der jüngeren Vergangenheit fanden am Os immer wieder „einschneidende" Ereignisse statt. So sind auf dem Kamm des Wallberges Reste eines alten Schützengrabens zu erkennen. Zudem wurde vor rund 120 Jahren der westliche Teil des Wallberges abgetragen und für den Bau des Eisenbahndammes verwendet.

Kleinod für Pflanzen und Tiere

Wegen des sandigen Untergrundes und der langen Weidenutzung mit sehr sporadischer Düngung setzt sich die Vegetation des Wallberges aus vielen, heute seltenen Arten nährstoffarmer Standorte zusammen. Hierzu gehören typische Arten der Heiden, die

Schwalbenschwanz (LLUR)

dem Os auch den Namen „Heidberg" gegeben haben. In feuchten Moorwiesen sind noch Sumpfdotterblumen neben vielen Orchideen und Kleinseggen zu sehen. Trotz der geringen Größe des Gebietes wurden über 225 Pflanzenarten gefunden, davon fast 30 gefährdete Arten der Roten Liste. Die Tierwelt ist weniger auffällig. Aber besonders die Trockenrasen- und Heideflächen beherbergen eine Vielzahl eng an diese Lebensräume angepasster Insektenarten, wie die Gefleckte Heidelibelle, den sehr seltenen Schwalbenschwanz oder den Hauhechelbläuling. Mit dieser Artenfülle sind das Os und die angrenzenden Niederungsbereiche kleine, aber wichtige Rückzugsräume für viele in der modernen Agrarlandschaft heute selten gewordene Pflanzen und Tiere.

Rundblättrige Glockenblume (LLUR)

Schutz- und Pflegemaßmahmen

Um die besonderen Standortverhältnisse und die Artenvielfalt zu erhalten, müssen die Flächen des Wallberges offengehalten werden. Früher geschah dies durch Beweidung. Später auch durch Flächenbrände, die bis 1970 von den Funken der vorbeifahrenden Dampflokomotiven ausgelöst wurden. Ohne Nutzung oder pflegende Eingriffe würden wuchskräftige Gräser und Gehölze die Arten der Trockenrasen verdrängen. Heute hält auf dem Os zeitweise eine Wanderschafherde die Pflanzendecke kurz. Ergänzend wird abschnittsweise ein Gehölzeinschlag vorgenommen, um die Beschattung der lichtbedürftigen Tier- und Pflanzenarten zu verringern und das offene Landschaftsbild zu erhalten. Die umgebenden Niederungsflächen werden durch Rinder extensiv beweidet oder als Wiese genutzt.

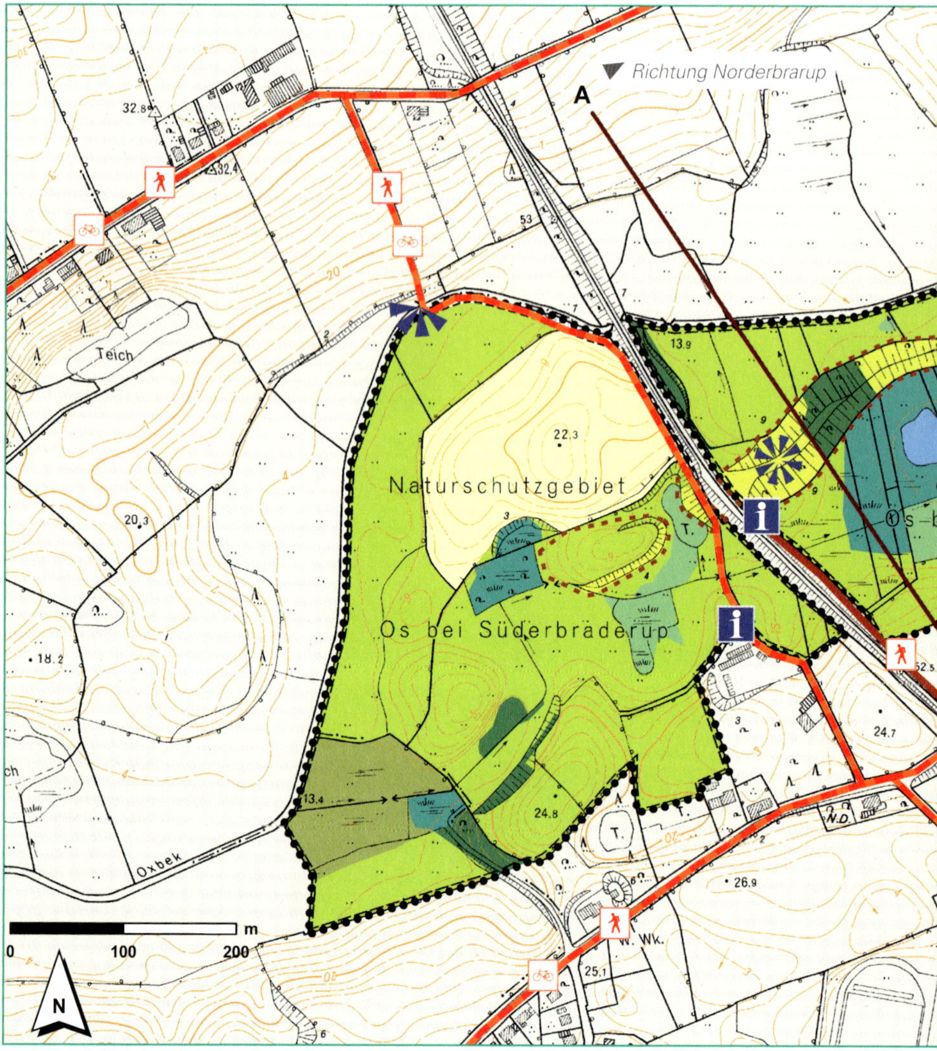

Gehölz/Knick

Bruchwald

Gewässer

Sumpf, Nasswiese

Grünland

Heide, Trockenrasen

Sukzession, Brache

Acker

Os (Wallberg)

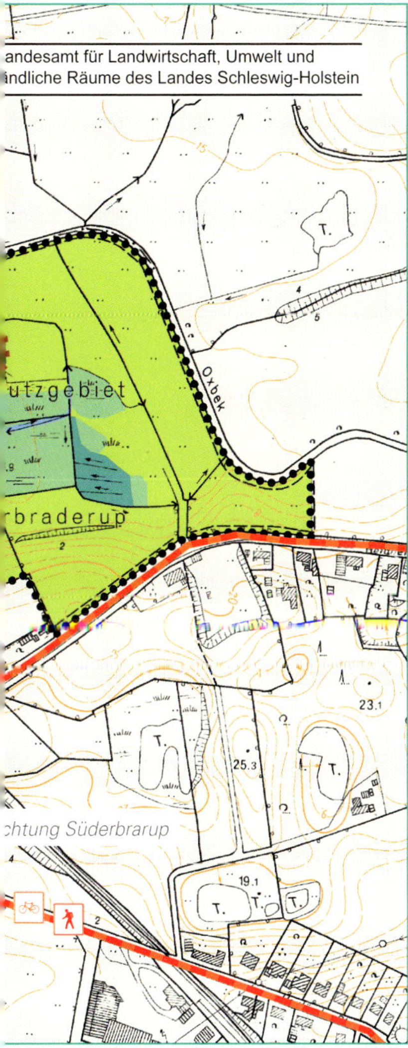

nt

s-

Rad-/Wanderweg

A B Lage geologisches Profil

Grenze des Naturschutzgebietes

Betreut durch:
Arbeitsgemeinschaft
Geobotanik
In Schleswig-Holstein und Hamburg e. V.
Ökologie-Zentrum der Uni Kiel
Olshausenstraße 75
24118 Kiel
Tel. 0431-8804030
mail sekretariat@ecology.uni-kiel.de

Kontakt vor Ort:
Kreis Schleswig-Flensburg
Untere Naturschutzbehörde
Flensburger Straße 7
24837 Schleswig
Tel. 04621-87-0
mail: kreis@schleswig-flensburg.de
www.schleswig-flensburg.de

Die Randbereiche des Moorweihers sind infolge Wiederverwallung überstaut. (Kai)

NATURSCHUTZGEBIET „PANTENER MOORWEIHER UND UMGEBUNG"

Das 147 ha große Naturschutzgebiet „Pantener Moorweiher und Umgebung" wurde 1996 ausgewiesen. Es ist ein charakteristischer Teil des Schmelzwasserrinnentales der Stecknitz, welches sich von der Ostsee bis zur Elbe erstreckt. Das in drei Teilstücke gegliederte NSG zeichnet sich durch eine besondere Struktur- und Artenvielfalt aus. Auf engstem Raum finden sich **quellige Hangflächen**, eine vermoorte Talrinne mit **Wasserflächen, Sümpfen, Feuchtwiesen, Bruch- und Quellwäldern** sowie daneben **Trocken- und Magerrasen** auf ehemaligen Kiesabbauflächen. Die am Rand des Gebietes verlaufenden Wege, wie der alte Treidelpfad entlang des Elbe-Lübeck-Kanals, ermöglichen informative Einblicke. In diesem Naturschutzgebiet sind die **Kalktuffquellen** und die **Erlen-Eschen-Feuchtwälder** sowie die Vorkommen von **Laubfrosch** und **Zauneidechse** von besonderem europaweiten Interesse. Es ist deshalb Bestandteil des Europäischen ökologischen Netzes **„Natura 2000"** (FFH-Gebiet).

Entwicklungsmaßnahmen

Eine wichtige Grundlage zur Entwicklung des vielgestaltigen Naturraumes war der Konsens zwischen Naturschutz und Landwirtschaft im Rahmen der

Flurbereinigung Panten. Flächentausch sowie der Ankauf von Flächen mit Mitteln des Kreises, des Landes und der EU ermöglichten eine Wiedervernässung. Nach Übertragung auf die Stiftung Naturschutz wird eine extensive Nutzung als Weidelandschaft betrieben. Der Verein NATUR PLUS e.V. PANTEN betreut das Naturschutzgebiet und setzt weitere Maßnahmen wie die Offenhaltung von Trockenrasen um.

Kranich am Moorweiher (Mes)

Die Tierwelt

Die Bilanz der Naturschutzmaßnahmen kann sich sehen lassen: Wachtelkönig, Rohrdommel, Tüpfelsumpfhuhn, Rothalstaucher und Rohrweihe haben sich wieder angesiedelt. Laubfrösche und seltene Libellen wie Grüne Mosaikjungfer und Große Heidelibelle bevölkern die Feuchtgebiete. Am Moorweiher brüten die Kraniche. Seeadler und Weißstorch suchen hier ihre Nahrung. Große Zugvogelschwärme nutzen das Naturschutzgebiet als Rastplatz auf ihrem Weg zwischen Elbe und Ostsee. Wildbienen und Sandwespen finden in den Trockenrasen einerseits ein optimales Nahrungsangebot, anderseits benötigen diese Arten den warmen, lockeren Sand zum Bau ihrer Nester. Die in Schleswig-Holstein vom Aussterben bedrohte Blauflüglige Ödlandschrecke hat hier eines ihrer landesweit letzten Vorkommen. Daneben wurden weitere vier Heuschreckenarten der Roten Liste gefunden. Zu den seltenen, im Bestand bedrohten Tierarten gehören auch acht Libellen-

Zauneidechse (Hec)

Blauflügelige Ödlandschrecke (Hec)

Auch die Laubfrösche breiten sich im Gebiet wieder stärker aus. (Stg)

arten, deren Lebenszyklus an die teilweise besonnten, nährstoffarmen Gewässer gebunden ist. Die europaweit geschützte Zauneidechse nutzt den warmen Sand zur Ablage und Bebrütung der Eier.

Die Pflanzenwelt

Durch den Grabenanstau wurde um den Moorweiher ein natürlicher Wasserstand eingestellt. Hierdurch sind zwar einzelne Gehölze abgestorben, im Talgrund breiten sich an Stelle des Intensivgrünlandes jetzt aber Seggenrieder, Feuchthochstauden und Weidengebüsche aus. Eine Besonderheit sind die zahlreichen Hangsickerquellen an den westlichen Talhängen. Hier stocken Erlen-Eschen-Wälder mit quelltypischen Moosen sowie Milzkraut und Bitterem Schaumkraut. Allein auf dem ehemaligen Kiesabbaugelände im Ostteil des Naturschutzgebietes wurden 35 Pflanzenarten der Roten Liste nachgewiesen. Zu diesen gehören neben Heide-Günsel, Sand-Thymian und Behaarter Schuppenkarde auch verschiedene Filzkrautarten sowie die in Schleswig-Holstein stark gefährdete Sand-Strohblume. Charakteristische Arten der Sandtrockenrasen zeichnen sich dadurch aus, dass sie zeitweiligen Wassermangel durch häufige Austrocknung des Oberbodens sowie Nährstoffarmut des Standorts ertragen können. Zu den ersten Pionierarten auf offenen Sandböden gehört das Silbergras. Mit zunehmender Entwicklung der Vegetationsdecke reichert sich Humus im Oberboden an und anspruchsvollere Arten können sich ansiedeln. Wird der Boden durch Nutzung oder Pflege nicht wieder gestört, können mit der Zeit auch Gehölzsamen auskeimen und so die Entwicklung zum Wald einleiten.

Rotfrüchtige Becherflechte (Hec)

LANDSCHAFTSENTWICKLUNG

Wiedervernässung

Im Flurbereinigungsverfahren Panten wurde in vorbildhafter Weise die Umsetzung von Naturschutzzielen erreicht. Freiwilliger Landtausch sowie Ankauf haben die Voraussetzung geschaffen, den natürlichen Wasserhaushalt wiederherzustellen. Nach Abdichten der Gräben und Aufgabe der intensiven Nutzung sprudeln die Hangsickerquellen und in der Talsohle breitet sich das Moor wieder aus.

Robustrinder (Hec)

Braunkehlchen (Hec)

Weidelandschaft

Auf den Flächen der Stiftung Naturschutz sind die ehemaligen Ackerflächen in Grünland umgewandelt und nicht heimische Nadelholzpflanzungen entnommen worden.

Durch die großflächig extensive Beweidung mit Robustrindern entsteht eine strukturreiche Weidelandschaft. Der Charakter der Landschaft unterliegt bei dieser Art der Nutzung einem ständigen Wandel und lässt vielfältige Lebensräume entstehen – Voraussetzung für das Vorkommen einer inzwischen wieder hohen Zahl spezialisierter und in ihrem Bestand bedrohter Tier- und Pflanzenarten.

Die Wiederverwässerung dient dem Erhalt und der Entwicklung einer naturnahen Tallandschaft (Hec)

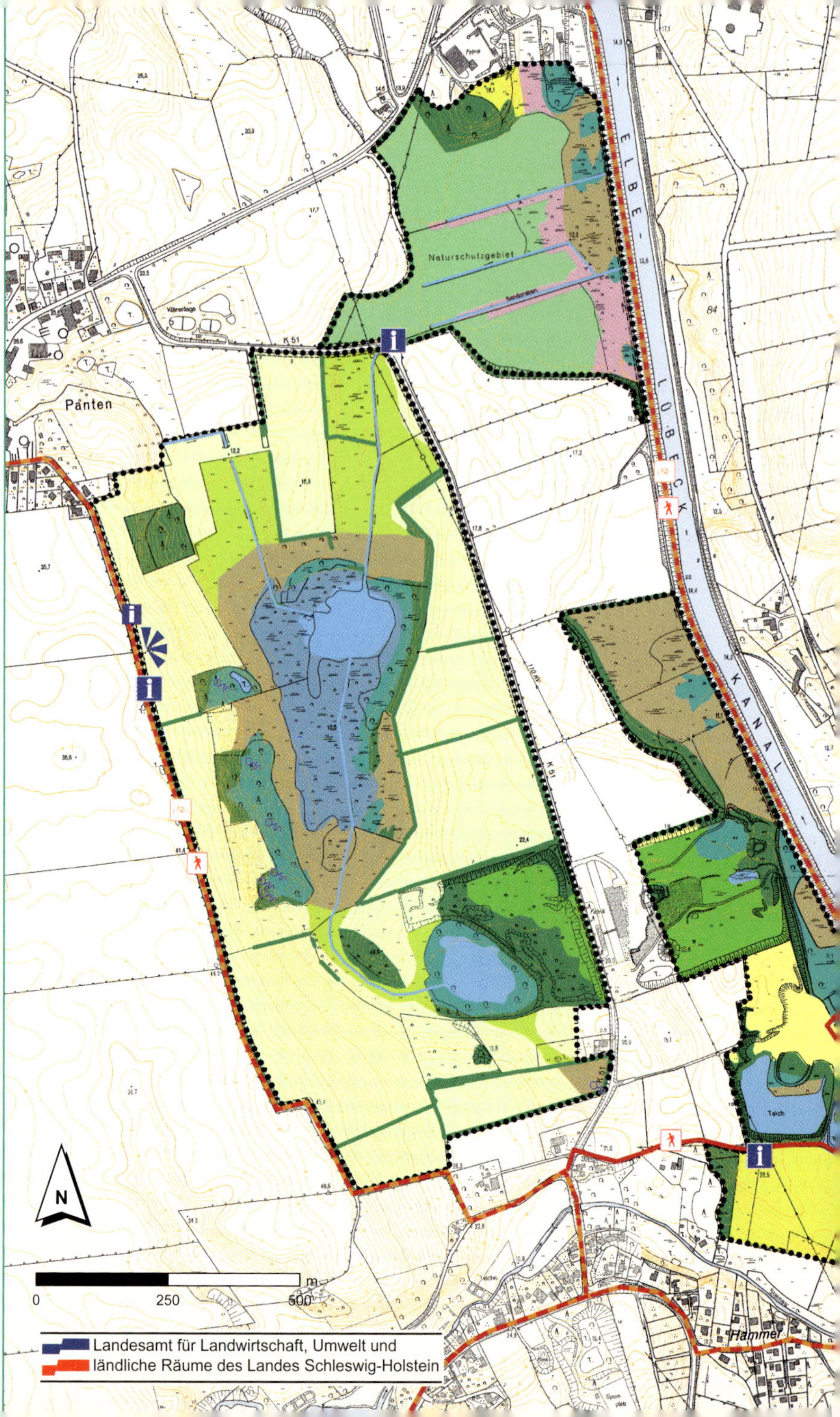
Naturschutzgebiet
Sandarsten
ELBE - LÜBECK - KANAL
K 51
Pänten
Teich
Hammer
N
0
250
500
m
Landesamt für Landwirtschaft, Umwelt und
ländliche Räume des Landes Schleswig-Holstein

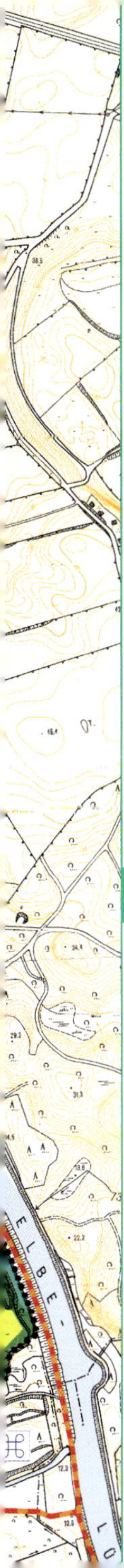

- Stillgewässer
- Niedermoor, Sumpf
- Quellwald, Sumpfwald
- Wald/Gehölz, Knick
- Röhricht, Hochstaudenflur
- Niedermoor-Streuwiese
- Feuchtwiese
- Weidelandschaft (feucht)
- Weidelandschaft (frisch)
- Trockenrasen, Heide
- gehölzarme Sand-Pionierflur
- gehölzstrukturierte Sandfläche

- Aussichtspunkt
- Quelle
- Infotafel
- Objekttafel
- Wanderweg
- Radweg
- Kulturdenkmal (Hammer Burg)
- Grenze des Naturschutzgebietes

Betreut durch:
NATUR PLUS e. V. PANTEN
Wehweg 3
23896 Panten
Tel. 04543-7707
mail: NaturPlus.Panten@gmx.de

Kontakt vor Ort:
Kreis Herzogtum Lauenburg
Untere Naturschutzbehörde
Barlachstraße 2
23909 Ratzeburg
Tel. 04541-888-0
mail: info@kreis-rz.de
www.herzogtum-lauenburg.de

Rhinplate mit Elbe (PeS)

NATURSCHUTZGEBIET „RHINPLATE UND ELBUFER SÜDLICH GLÜCKSTADT"

Das Elbufer südlich Glückstadt und die Rhinplate wurden im Jahr 2000 mit 460 ha zum Naturschutzgebiet ausgewiesen. Die typischen Zonierungen des **Elbeästuars** mit seinen daran angepassten Pflanzen- und Tierarten können dadurch geschützt und erhalten werden. Die in die Nordsee mündenden Flüsse werden im Rhythmus von Ebbe und Flut zweimal täglich aufgestaut, so dass kein breites Delta entsteht, sondern **Trichtermündungen (Ästuare)** in das Land hineinziehen. Die hier lebenden Tiere und Pflanzen müssen sowohl für die Gezeiten, als auch für das **Brackwasser** (0,5 – 5,0 Promille Salzgehalt) bestens ausgerüstet sein. Das Gebiet ist Bestandteil des Europäischen ökologischen Netzes **„Natura 2000"** (FFH-Gebiet und Vogelschutzgebiet).

Graugänse (Rut)

Brandgänse (LLUR)

Tideröhricht (Gnä)

Flusswatten und Tideröhrichte

Die etwa 5 km lange Rhinplate ist eine ursprünglich vom Elbstrom vorgeformte natürliche Sandbank und wird zeitweise immer noch ganzflächig überflutet. Die östlich davon liegende Glückstädter Nebenelbe ist eine der wichtigsten Flachwasserzonen an der schleswig-holsteinischen Unterelbe. Sie besitzt eine große Bedeutung als Rückzugs- und Aufzuchtgebiet für viele Fischarten, wie beispielsweise für den vom Aussterben bedrohten Nordseeschnäpel, den Rapfen und Schlammpeitzger, die Meerneunaugen und Finte. Auf den angrenzenden Wattflächen rasten Bless- und Graugänse, Brandgänse, Krickenten, Trauerseeschwalben und viele andere seltene Vogelarten. An die Flusswatten schließen sich die für das Elbe-Ästuar charakteristischen Tideröhrichte an, die im südlichen Bereich bereits in Form der sehr seltenen Süßwasser-Tideröhrichte ausgeprägt sind. Die Tideröhrichte sind ein wichtiger Bestandteil des Selbstreinigungssystems des Gewässers.

Magerrasen

Der landseitige Bereich des Naturschutzgebietes ist zum großen Teil aus einer Vorspülung entstanden. Das Deichvorland südlich von Glückstadt ist 1977 mit Sand und Schlick der Elbe aufgespült worden, um den neuen Landesschutzdeich zwischen Glückstadt und Bielenberg bauen zu können. Auf diesen Spülfeldern haben sich die oben beschriebenen Elbebiotope neu entwickelt. Auf anderen Spülfeldern haben sich großflächig trockene Magerrasenfluren ausgebildet. Diese besitzen eine besondere Bedeutung, da ungenutzte Sandflächen an der Elbe heute kaum noch vorkommen.

Das Bielenberger Wäldchen

Eine weitere Besonderheit dieses Naturschutzgebietes sind die tidebeeinflussten Weidengebüsche und Auwälder. Durch ihre Lage zwischen Süß- und Brackwasser hat sich ein besonderes Artengefüge eingestellt. Silberweiden-Auwälder, wie das Bielenberger Wäldchen, sind mittlerweile im unteren Elbebereich vom Aussterben bedroht.

Magerrasen und Weichholzaue (PcS)

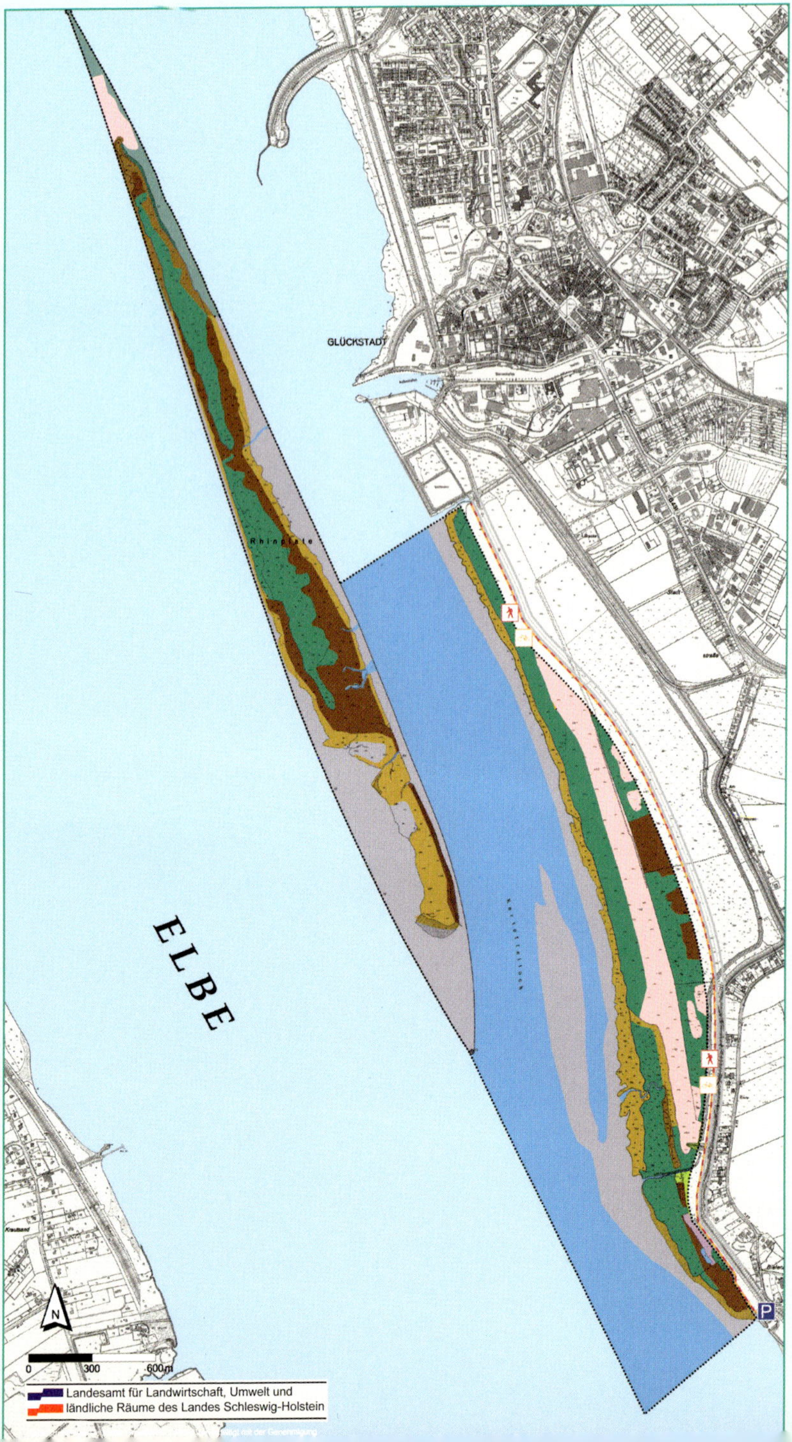
GLÜCKSTADT
Rhinplate
ELBE
N
0
300
600 m
P
Landesamt für Landwirtschaft, Umwelt und
ländliche Räume des Landes Schleswig-Holstein

- Grenze des Naturschutzgebietes
- Gewässer
- Brackwasserwatt
- Brackwasserröhricht
- Süßwasserröhricht
- Uferstaudenflur
- Grünland
- Auwald/Weidengebüsch
- P Parkplatz
- Rad-/Wanderweg
- neuer Deichverlauf

Betreut durch:
Kreis Steinburg
Untere Naturschutzbehörde
Victoriastraße 16-18
25524 Itzehoe
Tel. 04821-69-0
mail: info@kreis-steinburg.de
www.kreis-steinburg.de

Kontakt vor Ort:
NABU
Ortsgruppe Glückstadt
Dr. Sabine Petersen
Grillchaussee 31
25348 Glückstadt
Tel. 04124-2638

NATURSCHUTZGEBIET „RUPPERSDORFER SEE"

Bis zum 19. Jahrhundert sind große Teile des Ruppersdorfer Sees verlandet. Die verbliebene, etwa 45 ha große Wasserfläche wurde gegen Ende des 19. Jahrhunderts trockengelegt und anschließend intensiv als Grünland genutzt. Anfang der 1980er Jahre entstand in der Gemeinde Ratekau der Wunsch, den See wiederherzustellen. Um die dafür notwendigen Baumaßnahmen durchführen zu können, wurde das Grünland von der Gemeinde Ratekau mit Unterstützung des Landes, des Kreises und Zuschüssen Dritter erworben. 1989 wurde begonnen, das Wasser wieder aufzustauen. Seit 1992 hat der Ruppersdorfer See wieder eine Wasserfläche von ca. 35 ha mit einer durchschnittlichen Wassertiefe von 1–2 m. 1999 wurde der **See mit seinen Uferbereichen** und den unmittelbar angrenzenden Flächen als Naturschutzgebiet ausgewiesen. Er gilt heute als **Brutgewässer und Vogelrastplatz** von regionaler Bedeutung.

Blick auf den Ruppersdorfer See (Bew)

Schnatterenten (Mor)

Wichtiges Brutgebiet

Der Ruppersdorfer See hat sich zu einem wichtigen Brutgewässer des Kreises Ostholstein entwickelt. Neben Höckerschwan, Graugans und Blässralle brüten Stock-, Schnatter-, Reiher- und Tafelente jedes Jahr erfolgreich am Ruppersdorfer See und gehören damit zu den „Hausarten" des Gebietes. Die Schnatterente zählt zu den Schwimmenten, die ihre pflanzliche Nahrung vornehmlich durch „Gründeln" finden. Reiher- und Tafelente gehören zu den häufigsten Tauchenten im Binnenland und sind oft miteinander vergesellschaftet. Sie schwimmen und tauchen häufig in Trupps. Im Frühjahr dienen ihnen kleinere Muscheln und andere Wasserlebewesen als Nahrung. Auf den „Möweninseln" brüten zahlreiche Lachmöwen und eine Kolonie der eleganten Flussseeschwalbe, die ihre Nahrung meist von der Ostsee hierher transportiert. Rohrammern, Rohrsänger und die Rohrweihe nutzen den Ruppersdorfer See und dessen Ufervegetation aus Rohrglanzgras, Nickendem Zweizahn und Flatterbinse zur Aufzucht ihrer Jungen. Neben dem Hauben- ist der Schwarzhalstaucher ein wichtiger Brutvogel, der in vielen Jahren seine Nester aus Pflanzenmaterial nahe der Möweninsel errichtet.

Flussseeschwalbe (LB)

Schwarzhalstaucher (Mor)

Rastplatz Ruppersdorfer See

Außerhalb der Brutzeit ist der Ruppersdorfer See ein Vogelrastplatz von regionaler Bedeutung. Graugänse, Blässgänse, Kormorane, Zwergmöwen und Trauerseeschwalben sind im Frühjahr und Herbst Gäste des Ruppersdorfer Sees. Die Graugans ist dabei die häufigste Vogelart, die im Herbst mit bis zu über 1000 Exemplaren eine Rast am Ruppersdorfer See einlegt. Wenn sich in dieser Jahreszeit bei niedrigem Wasserstand schlammartige Uferzonen zeigen, rasten hier fast alle durchziehenden Watvögel wie beispielsweise Kampfläufer, Dunkler Wasserläufer, Zwergstrandläufer, Flussregenpfeifer, Bekassine und Großer Brachvogel. Eindrucksvoll ist der bunt gefiederte Eisvogel, der gelegentlich am See zu sehen ist. Auch der Seeadler hat hier am Ruppersdorfer See ein gern aufgesuchtes Nahrungsrevier gefunden, jagt Fische, Wasservögel und sucht Aas. Etwas schwerfällig, aber mit Geschick stößt er dabei auf seine Beute und holt sie mit den Fängen aus dem Wasser.

Nutzung in Einklang mit dem Naturschutz

Die Gemeinde Ratekau hat mit Landwirten Pachtverträge abgeschlossen, nach denen das Grünland extensiv beweidet wird. Außerdem findet in Abstimmung mit der Gemeinde und den betreuenden Naturschützern einmal im Jahr eine Mahd statt. Diese extensive Nutzung ist notwendig, um den Wiesenvögeln ihren Lebensraum zu erhalten. Weitere Pflegemaßnahmen, wie z. B. das regelmäßige Zurückschneiden von Kopfweiden und Erlen sollen ebenfalls dazu beitragen, die Flächen für die reichhaltige Vogelwelt des Ruppersdorfer Sees offen zu halten. Außerdem werden auf diese Weise Kopfbäume erhalten, die verschiedenen Tierarten Lebensraum bieten.

Galloways fressen zum Wohle der Natur (Mo)

DER KIEBITZ – EIN FLUGAKROBAT

Einer der auffälligsten Vögel unserer Feuchtwiesen ist der Kiebitz. Seine Nahrung besteht aus Insekten, Larven und Würmern. Im zeitigen Frühjahr kehrt er aus seinen Überwinterungsgebieten des Mittelmeerraumes zurück, er ist einer der ersten Frühlingsboten. Von März bis Mai brütet der Kiebitz 3-4 Eier aus, die in einer flachen, mit Gras ausgelegten Bodenmulde liegen. Erkennungsmerkmale sind seine metallisch grünen Flügel, das schwarze Brustband oberhalb des leuchtend weißen Bauches und die markante Haube am Hinterkopf - die Federholle. Im Flug fallen die abgerundeten, schwarzweißen Unterflügel auf. Sein wehmütiger, lang gezogener, zweisilbiger Ruf ist meist weit zu hören. Als Lebensraum bevorzugt der Kiebitz flache, weithin offene Flächen mit niedrigem Pflanzenbewuchs. Daher sind die extensiv genutzten, feuchten Wiesen und Weiden des Naturschutzgebietes ein optimales Brutgebiet. Berühmt sind seine herausragenden Flugkünste. Zur Brutzeit im Frühjahr vollführen die Männchen eindrucksvolle Imponierflüge über ihrem Revier. Mit schnellen Flügelschlägen steigen die Kiebitz-Männchen fast senkrecht 10 bis 15 Meter in die Höhe, um sich nach einem kurzen Höhenflug unter lautem Rufen kopfüber trudelnd in die Tiefe fallen zu lassen. Dabei werfen sie sich auf den Rücken und führen mehrere Rollen aus. Nach Abfang des Sturzfluges fliegen sie dicht über dem Boden, wobei ein lautes Flügelgeräusch – das Wuchteln – zu hören ist. Leider ist diese Art inzwischen ein Sorgenvogel der intensiv genutzten Agrar-Landschaft. Ehemals ein Wiesen- und Flachmoorbrüter, entwickelte sich der Kiebitz wegen des Rückgangs geeigneter Brutbiotope vielerorts zum Feldbrüter. Bei den Brutbeständen sind daher gebietsweise starke Rückgänge zu verzeichnen.

Kiebitz (Aug)

Kiebitz im Flug (Hec)

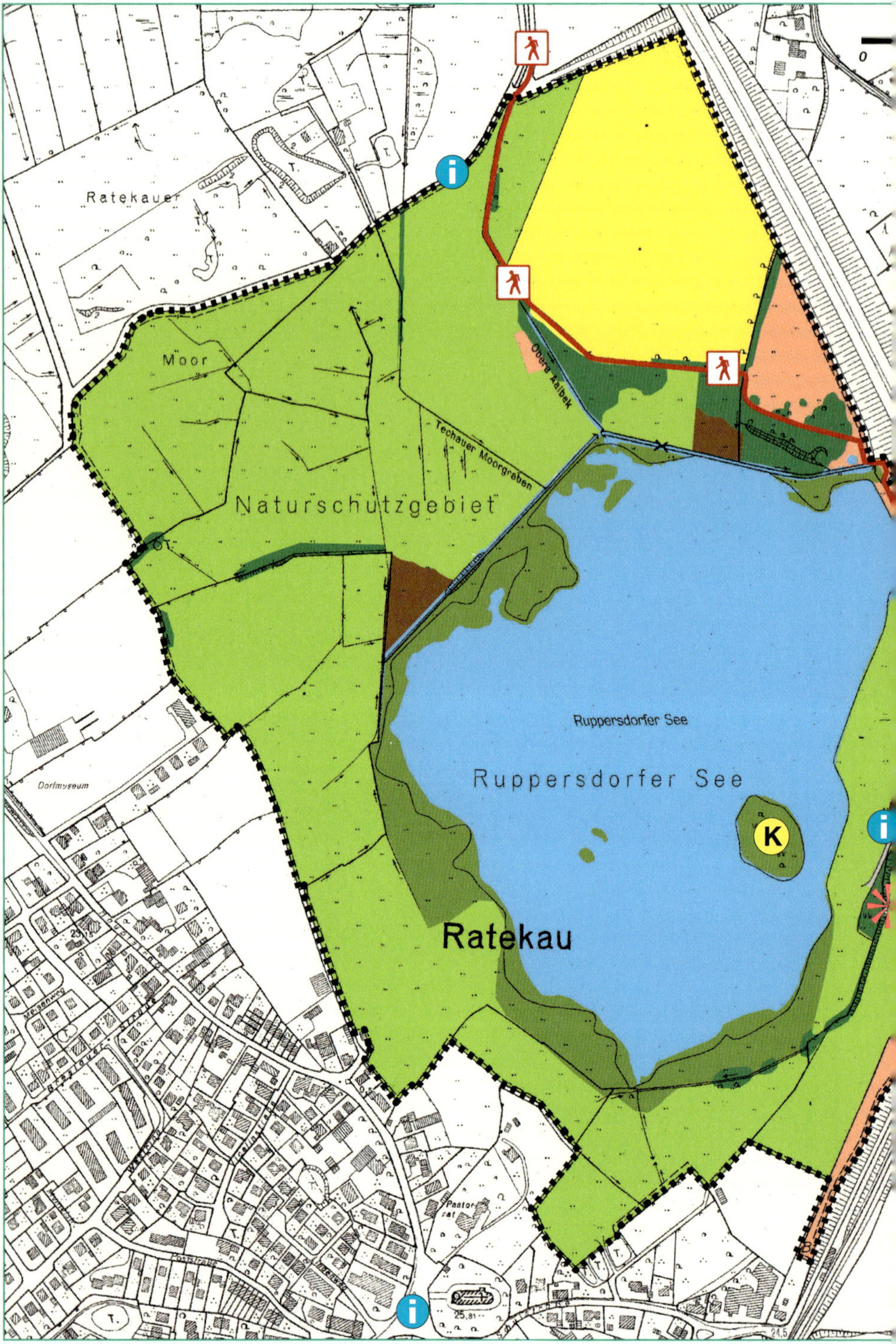
Ratekauer
Moor
Obere Aalbek
Techauer Moorgraben
Naturschutzgebiet
Ruppersdorfer See
Ruppersdorfer See
K
Ratekau
Dorfmuseum
Pastor-
rat
25,81
24,5
0

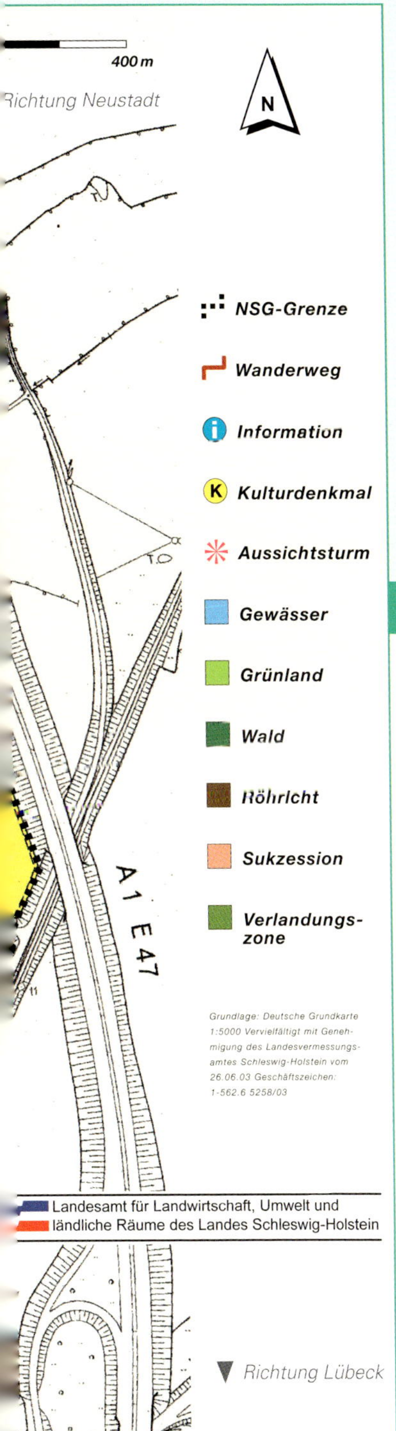

Betreut durch:
Gemeinde Ratekau
Bäderstraße 19
23624 Ratekau
Tel. 04504-803340
mail: juergen.leicher@ratekau.de
www.ratekau.de

Kontakt vor Ort:
Kreis Ostholstein
Untere Naturschutzbehörde
Lübecker Straße 41
23701 Ostholstein
Tel. 04521-788-0
mail: info@kreis-ostholstein.de
www.ostholstein.de

Das Naturschutzgebiet Schellbruch mit seinen ausgedehnten Wasser- und Schilfflächen aus der Vogelperspektive (Tie)

NATURSCHUTZGEBIET „SCHELLBRUCH"

Noch bis in das 19. Jahrhundert hinein war der Schellbruch großflächig von Bruchwäldern bedeckt. Später weideten Bauern hier ihr Vieh oder mähten Gras. Zu seiner heutigen Gestalt entwickelte sich das Gebiet ab etwa 1960, als die Grünlandnutzung teilweise wieder aufgegeben wurde und sich **Schilfröhrichte** ausbreiteten. Begünstigt durch den Ausbau der Untertrave entstanden **große Wasserflächen**. Dem **Vogelparadies** Schellbruch drohte Ende der 1960er Jahre die Zerstörung. Dämme wurden gezogen, um das Gebiet mit Schlamm zu überspülen. Massiver Widerstand der Bevölkerung und Verbände brachten die Pläne zu Fall und erreichten 1981 die Ausweisung als Naturschutzgebiet. Heute ist der Schellbruch auch Teil des Schutzgebietssystems „**Natura 2000**". Dieses europaweite Netzwerk umfasst die nach der Fauna-Flora-Habitat (FFH)- sowie der Vogelschutz-Richtlinie geschützten Flächen innerhalb der Europäischen Union.

Bartmeise *(Stg)*

Bruchwasserläufer *(Hec)*

Feuchtlebensräume

Obwohl gut 16 Kilometer von der Mündung in die Ostsee entfernt, prägt salzhaltiges (brackiges) Wasser das Leben in der Untertrave und im angrenzenden Schellbruch. Mehrere ansonsten nur an Meeresküsten vorkommende Pflanzenarten zeigen, dass über die Durchlässe regelmäßig Ostseewasser in die Lagunen eindringt. Salzertragende Pflanzenarten wie Sumpf-Gänsedistel und Erzengelwurz durchsetzen die traditionell zur Reetgewinnung genutzten Röhrichte. Strandaster und Strand-Dreizack sind für die „Salzwiesen" am Rand der Großen Lagune typisch. Im artenreichen Grünland entlang der abschnittsweise naturnahen Medebek sowie in den Israelsdorfer Travewiesen ist ein Salzeinfluss nicht mehr erkennbar. Mit Sumpfdotterblume, Schachblume und Breitblättrigem Knabenkraut ist hier eine selten gewordene Blütenpracht „süßer" Feuchtwiesen zu bewundern. Im Westen und Süden des Schellbruchs stocken Reste der ursprünglichen Auen- und Bruchwälder, in denen Erle, Eiche und Ulme vorherrschen. Die Waldflächen werden weiterhin durch das eindringende Brackwasser zurückgedrängt. Für über 200 verschiedene Vogelarten, von denen über 95 bislang im Naturschutzgebiet gebrütet haben, ist der Schellbruch ein heute selten gewordenes Paradies. Insbesondere die Schilfröhrichte bieten ihnen Schutz, Nahrung und Nistmöglichkeiten. Regelmäßig brüten hier verschie-

Erzengelwurz (Kai)

dene Rohrsänger, Bartmeise, Rohrweihe und jahrweise auch die Große Rohrdommel. Für ihre Brut sind diese Arten besonders auf ausgedehnte Altschilfbestände angewiesen. Auch Hauben-, Schwarzhals- und Zwergtaucher sowie verschiedene Enten wie die Reiher- und die Tafelente brüten im Schellbruch. Das Gebiet ist ein wichtiger Rast- und Überwinterungsplatz für zahlreiche Zugvögel, die im Flachwasser und auf den trocken fallenden Schlammbänken der Lagunen und Teiche rasten. Zu diesen gehören Watvögel wie Bekassine, Strandläufer, Wasserläufer und Regenpfeifer.

Naturschutz und Erholung

Das Naturschutzgebiet „Schellbruch" bietet allen Besucherinnen und Besuchern die besondere Möglichkeit, sich zu erholen und gleichzeitig stadtnah eine intakte Natur und Umwelt zu erleben. Das Gebiet ist ein Vogelparadies erster Güte, in dem natürliche, unverbaute Lebensräume sowie seltene Tier- und Pflanzenarten beobachtet werden können. Damit dies auch in Zukunft so bleibt, müssen die für dieses Gebiet geltenden einschränkenden Maßnahmen und Regeln beachtet werden! Umsichtiges und verantwortungsvolles Verhalten in der Natur sollte deshalb eine Selbstverständlichkeit sein, damit auch die nachfolgenden Generationen sich in Zukunft hier noch erholen können.

Westteil des NSG 1975 (Arn)

GESCHICHTE DES SCHELLBRUCHS

Der Schellbruch blickt auf eine wechselvolle Geschichte zurück:

Um 1750 - Der Schellbruch ist von einem fast geschlossenen, sumpfigen Erlen-Bruchwald bedeckt. Entlang des Traveufers verläuft der Treidelsteig. Von hier aus ziehen (treideln) Menschen oder Zugtiere die Schiffe von und nach Lübeck.

Anfang 20. Jahrhundert - Die Bruchwälder sind fast völlig verschwunden. Ansässige Bauern nutzen die infolge Versalzung entwaldeten Flächen als Wiesen und Weiden.

Anfang 1960er Jahre - Die Grünlandbewirtschaftung wird unwirtschaftlicher und größtenteils aufgegeben, so dass die brachliegenden Flächen verschilfen. Abwasser schädigt das Schilf. Aus der Trave einströmendes Wasser spült den jetzt ungeschützten Boden fort. An der Medebek-Mündung entsteht die Große Lagune. Der Schellbruch wird zum Vogelparadies.

Ende der 1960er Jahre - Dem Natur-Paradies droht das Aus! Riesige Spülfelder für den Aushub aus Trave- und Hafenvertiefung sollen angelegt werden. Das Gebiet wird durch neu errichtete Dämme in mehrere „Felder" aufgeteilt. Die Bagger stehen schon bereit, können aber noch rechtzeitig gestoppt werden.

Mitte der 1970er Jahre - Die Pläne sind endgültig vom Tisch. Die langanhaltenden Proteste der Anwohner aus Israelsdorf und Karlshof sowie von Naturschutzverbänden und der interessierten Öffentlichkeit haben sich ausgezahlt.

1981 - Der Schellbruch wird als Naturschutzgebiet ausgewiesen.

1992 - Der Schellbruch wird zusammen mit großen Teilen der Untertrave zum Europäischen Vogelschutzgebiet erklärt und ist damit Teil des Netzes Natura 2000.

Heute - Das Feuchtgebiet ist ein europaweit bedeutender Lebensraum wildlebender Pflanzen und Tiere. Es bietet allen Besuchern ein unvergleichliches Naturerlebnis. Die zur Begrenzung der geplanten Spülfelder angelegten Dämme sind jetzt ideale Wanderwege, die nicht verlassen werden dürfen.

Treideln am Schellbruch um 1750

DIE MEDEBEK

Die Medebek entspringt am südwestlichen Rand des Lauerholzes, es einem alten, von naturnahen Buchen-, Au- und Feuchtwäldern geprägten Waldgebiet. Das Gewässer durchquert in seinem Verlauf das Lauerholz, weitet sich im Schellbruch zur Großen Lagune (Medebeksee) auf und mündet schließlich in die Untertrave. Der rund 7 Kilometer lange Bach ist Vorfluter für große Teile des Lübecker Stadtteils St. Gertrud. Auf etwa 4,6 Kilometern ist die Medebek sehr naturnah und Lebensraum von Süßwasserfischen, wie Plötze, Flussbarsch, Aland und Stichling. Auch der Fischotter lebt hier. In den übrigen Abschnitten ist das Gewässer teilweise technisch ausgebaut. Ufervegetation und Fauna sind hier stark gestört. Die Große Lagune und der Unterlauf der Medebek sind durch salzhaltiges, aus der Untertrave ein- und ausströmendes Wasser überprägt. In den letzten Jahren sind Teilabschnitte der Medebek umfangreich renaturiert worden. Das Gewässerprofil wurde erweitert sowie Rückstauräume geschaffen, um künftig Überschwemmungen im Einzugsgebiet zu vermeiden. Ein großer Teil der Medebek verläuft innerhalb eines europäischen Schutzgebietes von Natura 2000.

Der Flussbarsch ist einer der farbenfrohsten Süßwasserfische unserer Gewässer. Er frisst alles, was er bewältigen kann (Hec)

Die Plötze, auch Rotauge genannt, ist ein anspruchsloser Schwarmfisch, der in stehenden und langsam fließenden Gewässern lebt (Hec)

An der Medebek wurde in den letzten Jahren regelmäßig der Fischotter nachgewiesen. (Ste)

LSG "Schwartauwiesen"
Treidelpfad
UNTERTRAVE
"Alt-Lübeck"
Schwartau
Teerhofs-insel
Treidelpfad
Gänsepfad
Große Lagune
Mövenstieg
Heidenfelds-koppel
Süßwasser-teich
Gänsepfad
Kleingärten
Medebek
Camp der Waldjugend
Gänsepfad
Mövenstieg
Medebek-wiesen
Sonnenweg
Medebek
ND
Medebek
Schwarzer Damm
Karlshof
Medebek
B 75
0 100 200 400 m
Wasserfläche
Röhricht
Wald, Forst, Gehölz
Grünland
Staudenflur, Sukzession
Informationstafeln
Infohütte der AG-Schellbruch
Aussichtsplattform
Aussichtspunkt
Wanderweg
Radweg
Grenze Naturschutzgebiet
Wasser
Röhricht
Grünland

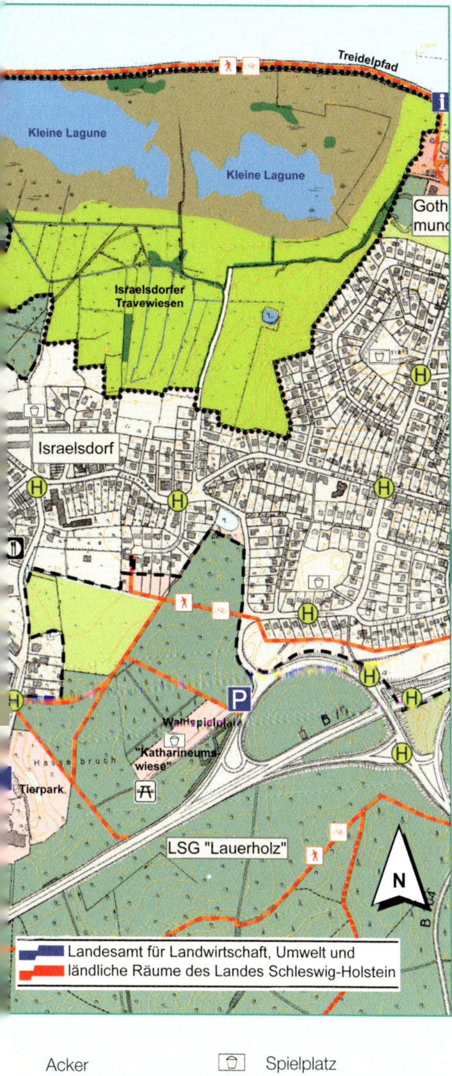

Acker
Tierpark, Kleingarten, Grünfläche
Kulturdenkmal
Naturdenkmal
Grenze Landschaftsschutzgebiet
Spielplatz
Ausflugslokal
Picknickplatz
Parkplatz
Bushaltestelle

Betreut durch:
Stadtwald Lübeck
Kronsforder Landstraße 80
23560 Lübeck
Tel. 04508-7722-0
mail: stadtwald@luebeck.de
www.luebeck.de

Kontakt vor Ort:
Hansestadt Lübeck
Untere Naturschutzbehörde
Rathaus
23539 Lübeck
Tel. 0451-122-0
mail: naturschutz@luebeck.de
www.luebeck.de

NABU Schleswig-Holstein
Arbeitsgemeinschaft Schellbruch
Tel. 0451-76666
www.nabu-luebeck.de

NABU Schleswig-Holstein

Röhrichte sind Lebensraum von Rohrdommel und Schilfrohrsänger (Wal)

NATURSCHUTZGEBIET „SCHULENSEE UND UMGEBUNG"

Das 69 ha große Naturschutzgebiet „Schulensee und Umgebung" wurde 1986 ausgewiesen. Ziel der Unterschutzstellung ist der Erhalt und die Entwicklung eines stadtnahen Feuchtgebietes. Dieses liegt innerhalb eines eiszeitlich entstandenen Beckens im oberen Eidertal. Der Rundwanderweg bietet Besuchern Aussichtspunkte mit reizvollen Einblicken auf den See mit seinen großflächigen **Schwimmblattzonen** sowie ausgedehnten **Schilfröhrichten**, **Weidengebüschen** und **Erlenbruchwäldern**. Das Naturschutzgebiet ist mit seinen naturnahen Lebensräumen und deren herausragender Bedeutung u.a. für **Rohrdommel**, **Rohrweihe**, **Moorfrosch**, **verschiedene Fledermausarten** ein Teil des Europäischen ökologischen Netzes **„Natura 2000"** (FFH-Gebiet).

Der Schulensee

Die natürliche Verlandung des nährstoffreichen Sees wurde durch eine Senkung des Wasserspiegels im 19. Jahrhundert sowie durch zusätzliche Nährstoffbelastungen aus dem Einzugsgebiet noch beschleunigt. Trotz mehrmaliger Ausbaggerungen ist die offene Wasserfläche von ehemals 35 auf heute 13 ha geschrumpft. Vom westlichen Ufer aus ist die ausgedehnte Schwimm-

Rispen-Segge (Rös)

Erlenbruchwald (Rös)

blattzone mit weißer Seerose und gelber Teichrose gut zu erkennen. Die weiträumigen Verlandungsflächen werden überwiegend von Schilfröhrichten und Bruchwäldern eingenommen. In quelligen Bereichen fallen die hohen Bulte der Rispen-Segge auf.

Winterrastplatz

Aufgrund des Durchflusses der Eider vereist der Schulensee auch in kalten Wintermonaten nur unvollständig. Die offenen Wasserflächen sind daher Anziehungspunkt für zahlreiche rastende Wasservögel. Für die Krickente, die kleinste europäische Entenart, ist der Schulensee beispielsweise einer der wenigen Winterrastplätze des Landes. Schnatter-, Reiher- und Schellente sowie größere Ansammlungen von Tafelenten, Singschwänen und Kanadagänsen gesellen sich dazu. Auch der gefährdete Gänsesäger ist im NSG als Wintergast anzutreffen, der farbenprächtige Eisvogel brütet und überwintert hier.

Vögel im eisfreien See (Wal)

Erdkröte (Be)

Kleine Flussmuschel (Wie)

Die Tierwelt

Im weitgehend ungestörten Schilfröhricht leben gefährdete Vogelarten wie Rohrdommel, Drossel- und Schilfrohrsänger sowie Rohrschwirl und Rohrweihe. Die vom Aussterben bedrohte Trauerseeschwalbe nutzt die großen Schwimmblätter von See- und Teichrosen als Nistplatz. Auch das Große Granatauge, eine in der Schwimmblattzone lebende Libellenart, legt hier im Sommer ihre Eier ab. Ein bemerkenswerter Bestand an Erdkröten nutzt die zahlreichen Bombentrichter und sonstigen Kleingewässer in der Umgebung des Schulensees zum laichen. Bundesweit stark gefährdet ist der Moorfrosch. Die Männchen fallen zur Paarungszeit im Frühjahr durch ihre kurzzeitig intensive Blaufärbung auf. Der Bestand der Kleinen Flussmuschel, der in der Eider nördlich des Schulensees festgestellt wurde, zählt zu den größten Vorkommen dieser europaweit gefährdeten Art in Schleswig-Holstein.

FLEDERMÄUSE

Die Eider und der Schulensee sind ein beliebtes Revier verschiedener Fledermausarten. Die in Schleswig-Holstein stark gefährdete Teichfledermaus und die Wasserfledermaus nutzen die Gewässer für ihre nächtlichen Jagdflüge bei denen sie Zuckmücken, Köcherfliegen und andere gewässerbewohnende Insekten erbeuten. Sehr geschickt werden auch in das Wasser gefallene und auf der Wasseroberfläche treibende Insekten mit der Schwanzflughaut gekeschert oder die Fledermäuse ergreifen die Beute mit ihren großen Füßen. Eine Wasserfledermaus muss pro Nacht etwa 1/3 ihres Körpergewichts zu sich nehmen, das entspricht ca. 4000 Mücken. Dabei fliegt sie im dichten Schwirrflug regelmäßig feste Bahnen ab. Für die etwas größere Teichfledermaus ist ihr schneller, geradliniger Flug über der Wasserfläche typisch. Den Tag verbringen Wasserfledermäuse meist in Baumhöhlen, wo sie auch ihre Wochenstuben haben. Dazu nutzen sie alte Spechthöhlen. Ihre auf das Zerkleinern von Insekten spezialisierten Zähne sind nicht dafür ausgelegt, Höhlen in das Holz zu knabbern. Neben der Wasserfledermaus bewohnen auch Große Bartfledermaus, Braunes Langohr und Fransenfedermaus Baumhöhlen und Nistkästen in Gewässernähe. Teichfledermausweibchen suchen für die Jungenaufzucht bevorzugt Dächer, Verschalungen oder Hohlwände von Häusern auf. Die winzige Zwerg- und Mückenfledermaus besiedelt von außen zugängliche Spalten hinter Bretterverschalungen,

Wasserfledermaus (Nil)

Teichfledermaus (Nil)

Wandverkleidungen und Mauerspalten. Den Winter verbringen viele Fledermausarten in unterirdischen Hohlräumen. Das größte bekannte Winterquartier ist die Segeberger Kalkberghöhle. Aber auch alte Bunkeranlagen und große ungenutzte Keller werden für den Winterschlaf aufgesucht.

Schulensee und die Eider sind Lebensraum europaweit geschützter Fledermausarten. (Mo)

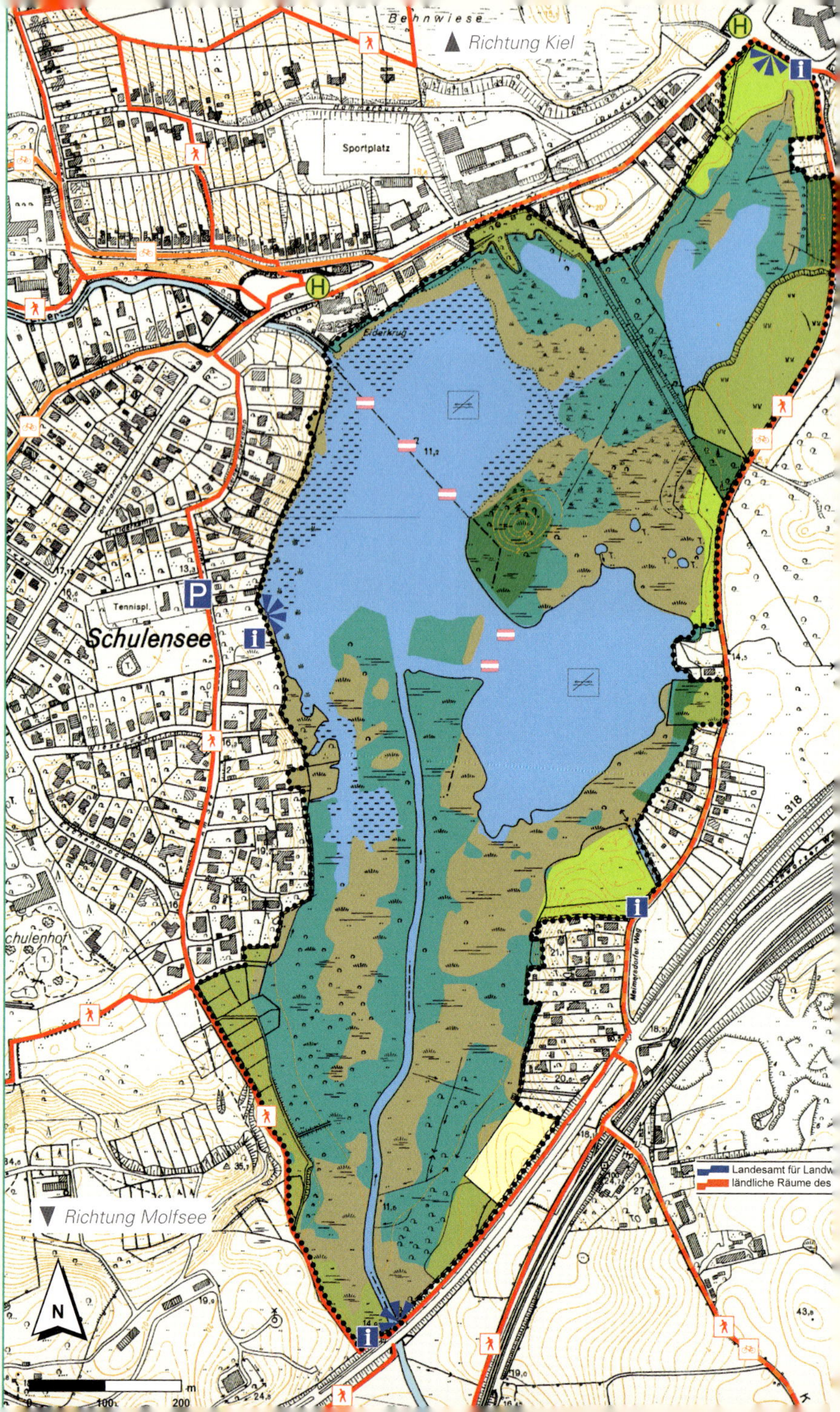
Behnwiese
Richtung Kiel
Sportplatz
Eiderkrug
Tennispl.
Schulensee
Schulenhof
L 318
Landesamt für Landw
ländliche Räume des
Richtung Molfsee
N
0
100
200
m

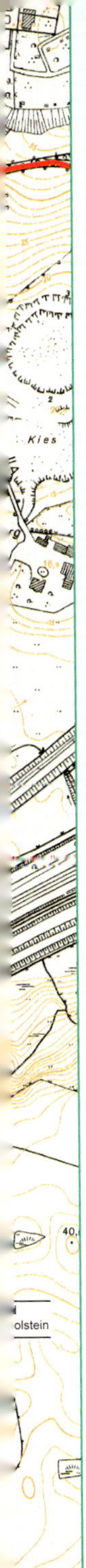

- Gewässer
- Schwimmblattzone
- Röhricht, Seggenried
- Bruchwald, Weidengebüsch
- Wald
- Ruderalfläche, Brache, Sukzession
- Grünland
- Acker
- Wanderweg
- Radweg
- Infotafel
- Grenze des NSG
- Haltestelle
- Parkplatz
- Aussichtspunkt
- Seefläche mit Befahrungsverbot

Betreut durch:
NABU Schleswig-Holstein
Färberstraße 51
24534 Neumünster
Tel. 04321-53734
mail: info@nabu-sh.de
www.nabu-sh.de

Kontakt vor Ort:
Landeshauptstadt Kiel
Untere Naturschutzbehörde
Andreas-Gayk-Straße 31
24103 Kiel
Tel. 0431-901-0
mail: Rathaus@LHStadt.kiel.de
www.kiel.de

Kreis Rendsburg-Eckernförde
Untere Naturschutzbehörde
Kaiserstraße 8
24768 Rendsburg
Tel. 04331-202-0
mail: info@kreis-rd.de
www.kreis-rendsburg-eckernfoerde.de

Blick auf den Schwansener See (Gre)

NATURSCHUTZGEBIET „SCHWANSENER SEE"

Der Schwansener See zählt mit seiner Wasserfläche von 11 Hektar zu den größten **Strandseen** der schleswig-holsteinischen Ostseeküste. Das Naturschutzgebiet umschließt die unmittelbar an den See angrenzenden **Röhrichte, Salzwiesen, Feuchtsenken,** den östlich gelegenen **Strandwall** und einen größeren **Flachwasserbereich der Ostsee**. Das seit 1987 unter Naturschutz stehende Gebiet ist insgesamt 240 Hektar groß. Es ist Teil des europäischen **Netzwerkes „Natura 2000"** (FFH-Gebiet und Vogelschutzgebiet). Dessen Ziel ist die Erhaltung der biologischen Vielfalt, der natürlichen Lebensräume und der wildlebenden Tier- und Pflanzenarten.

Von der Meeresbucht zum See

Die Entstehung des Schwansener See reicht bis zur letzten Eiszeit zurück. Gletscher der Weichsel-Vereisung haben hier eine weit in das Innere der

Halbinsel Schwansen reichende Bucht ausgeformt. Diese wurde vor etwa 7000 Jahren von der allmählich ansteigenden Ostsee überflutet. Eine Nord-Süd gerichtete küstenparallele Strömung verfrachtete von der Steilküste bei Schönhagen abgetragenes Material und lagerte dieses weiter südlich als schmalen Strandwall ab. Im Laufe von Jahrhunderten schloss der Nehrungshaken den Niederungsbereich vollständig von der freien See ab. Von der ehemals überfluteten Ostseebucht blieb der Strandsee zurück, der allmählich aussüßte. Heute verhindern Deiche und Betonmauern das Eindringen von Salzwasser. Die übrigen Niederungsflächen wurden nach Abdeichung vom Schwansener See entwässert und werden intensiv landwirtschaftlich bewirtschaftet.

Rast- und Zugvögel

Im Herbst und im Frühjahr zieht eine große Zahl an Wasser- und Watvögeln wie Pfeifenten und Graugänsen über das Gebiet, um hier zu rasten und nach Nahrung zu suchen. Der Strandsee dient insbesondere Berg- und Reiherenten als Schlafplatz. Tausende dieser Tauchenten ruhen tagsüber auf dem See und fliegen nachts zur Nahrungssuche auf die Ostsee.

Brutvögel

Die Vielfalt der Lebensräume ist Grundlage für eine bemerkenswert hohe Zahl an Brutvögeln am Schwansener See. Zu den typischen Brutvögeln des Strandwalls gehören Zwergseeschwalbe und Sandregenpfeifer. Im Röhricht nisten Haubentaucher, Graugans sowie Reiher- und Tafelente. Auch Rohrdommel sowie Teich- und Schilfrohrsänger finden hier geeignete Niststandorte. Auf extensiv beweideten, von Blänken durchsetzten Salzwiesen tummeln sich typische Wiesenvögel wie Kampfläufer und Kiebitz. Hier brüten Löffel-, Schnatter- und Knäkente. Dem Kiebitz kommt am Schwansener See eine besondere Bedeutung zu. Die Küken schlüpfen schon Ende April und werden dann von

Kiebitz (Ste)

den Eltern gegenüber dem Fuchs oder Greifvögeln bis zum Äußersten verteidigt. Von diesem aggressiven Verhalten profitieren auch andere Wiesenvögel wie Austernfischer, Rotschenkel, Löffelente, Wiesenralle und Wiesenpieper, die zur Brutzeit die Nähe des Kiebitzes suchen.

Der Strand - Brutplatz seltener Arten

Der Lebensraum typischer Küstenvögel wie Seeschwalben, Regenpfeifer oder Möwen ist durch einen stetigen Wandel der Umweltbedingungen geprägt. Wellen und Meeresströmung verlagern beständig Sand, Geröll und Algen. Die Strände sind zudem häufigen Katastrophen wie Überflutungen ausgesetzt und daher von Natur aus zumeist nur spärlich bewachsen. Die Zwergseeschwalben sind zur Brut nahezu zwingend auf die veränderlichen Küstenlebensräume angewiesen. Sie besiedeln vor allem vegetationsarme, steinige Kiesflächen und stehen dadurch in Konkurrenz zum Strandtourismus. Ihre Brutkolonien sind daher heute auf besonders geschützte Bereiche innerhalb von Naturschutzgebieten wie am Schwansener See beschränkt. Die im Wattenmeer stark verbreitete Küstenseeschwalbe brütet an der Ostseeküste nur an wenigen geschützten Standorten. Sie gilt als Zugvogelart mit der längsten Zugstrecke überhaupt. Vögel aus der Arktis überwintern in der Südpolarregion. Der Sandregenpfeifer ist durch seine hellbraune Oberseite gut getarnt. Als Nest dient eine einfache Mulde im Sand. Nähert sich ein Feind, täuschen die Vögel Flugunfähigkeit vor und versuchen diesen von ihrer Brut wegzulocken. Dabei besteht die Gefahr, dass die Eier auskühlen und absterben. Damit die seltenen Vögel ungestört brüten können und die Eier nicht zertreten werden, ist der Strandbereich von April bis September gesperrt.

Küstenseeschwalbe (We)

Zwergseeschwalbe (LLUR)

Besonderer Schutz

Das Naturschutzgebiet ist Lebensraum zahlreicher bedrohter Tier- und

Pflanzenarten. Der Strandwall darf nicht betreten werden. Während der Brutzeit zwischen 15. März und 17. Juli werden alle Besucher gebeten, sich gegenüber den brütenden Vögeln möglichst rücksichtsvoll und ruhig zu verhalten. In dieser Zeit dürfen die ausgewiesenen Wege nicht verlassen werden. Am Schwansener See werden Maßnahmen zur Verbesserung und Wiederherstellung von Lagunen- und Küstenwiesenkomplexen umgesetzt. Die Beweidung sowie die Neuanlage von Laichgewässern erfolgt im Rahmen des von der EU teilfinanzierten „LIFE-BaltCoast-Projektes", das im gesamten Ostseeraum durchgeführt wird.

Kreuzkröte (Ste)

Typischer Lebensraum der Kreuzkröte (Ste)

LEBENSRAUM DER KREUZKRÖTE

Die Kreuzkröte wird bis zu 5 bis 8 Zentimeter groß. Auf dem Rücken sind die Tiere braun- oder olivfarben marmoriert und mit rotbraunen Warzen versehen. Ihr Name bezieht sich auf die gelbe, über Kopf und Rücken verlaufende Linie. Sie huscht schnell und fast mausähnlich über dem Boden. Die Kreuzkröte besiedelt offene, vegetationsarme Gebiete mit ausreichenden Versteckmöglichkeiten, sogenannte Pionierbiotope. Zum Laichen benötigt sie kleine, vegetationsarme Flachgewässer. Die Kröte verträgt salzhaltiges Wasser. Die Ostseeküste ist daher ein idealer Lebensraum. Aufgrund der besonderen Küstendynamik mit stetig wechselnden Abbrüchen sowie Ab- und Umlagerungen entstehen hier ständig neue Pionierbiotope. Die Kreuzkröte gehört in Schleswig-Holstein zu den gefährdeten Arten. Ursachen sind das Fehlen geeigneter Lebensräume sowie die zunehmende Landschaftszerschneidung durch Straßen, die für die Kröte unüberwindbare Hindernisse sind. Die Kreuzkröte bekommt Unterstützung durch das EU-LIFE BaltCoast Projekt. Das Ausschieben von Tümpeln und die Beweidung mit Robustrindern verschafft ihr neuen Lebensraum. Weitere Infos unter www.life-baltcoast.eu.

LEBENSRAUM STRANDWALL

Lebensraum im Wandel

Strandwälle sind Geröll- und Sandablagerungen. Das Material wird durch die Brandung an den Steilküsten abgetragen, von der Strömung wegtransportiert und hinter Landvorsprüngen oder in Buchten abgelagert. Die Brandung schüttet dort das Material wallartig auf. Durch den Wind entstehen auf den Strandwällen oft kleine Dünen. Strandwälle sind extreme Lebensräume, die nur von spezialisierten Tier- und Pflanzenarten besiedelt werden:

- In den nährstoffreichen Spülsäumen finden salztolerante Pflanzen wie Meerkohl, Meersenf und Salzmiere ansprechende Keim-und Wachstumsbedingungen.
- Oberhalb des Geröllstrandes wächst der Strandhafer. Er ist nur mäßig salztolerant.

Strandwall-Landschaft (Gre)

Zusammen mit dem Wind ist dieses Süßgras wichtigster Baumeister der Weißdünen.

• Weiter landeinwärts lässt die stetige Übersandung der Dünen nach. Die Böden sind stärker ausgehagert und es siedeln sich typische Arten der Trockenrasen und Küstenheiden an. Die Weißdüne ist in eine Graudüne übergegangen. Mit der Ausbreitung von Zwergsträuchern und Gehölzen entwickeln sich die Braundünen. Im Boden lagert sich verstärkt Humus ein.

Blühender Strandhafer (Mo)

Rinder und Rosen

Ein besonderes Problem ist die aus Ostasien stammende Kartoffelrose. Sie wurde früher zum Küstenschutz in die strandnahen Dünen gepflanzt. Sie macht den typischen, aber konkurrenzschwachen Pflanzen ihren Platz streitig. Die im Naturschutzgebiet eingesetzten Robustrinder arbeiten als vierbeinige Landschaftspfleger. Durch ihren Appetit auf Rosen verhindern sie die Ausbreitung der Kartoffelrose und drängen sie sogar zurück.

Blühende Kartoffelrose (Aug)

„EU-LIFE „BaltCoast"

Der Einsatz der Rinder ist Teil des LIFE-Projektes „BaltCoast". Mehr als 20 Partner aus 5 Ländern kümmern sich um die Verbesserung und Wiederherstellung von Lagunen und Küstenlebensräumen entlang des gesamten Ostseeraumes. Das Projekt wird von der Stiftung Naturschutz betreut und von der Europäischen Union finanziell unterstützt. Weitere Informationen unter www.life-baltcoast.de

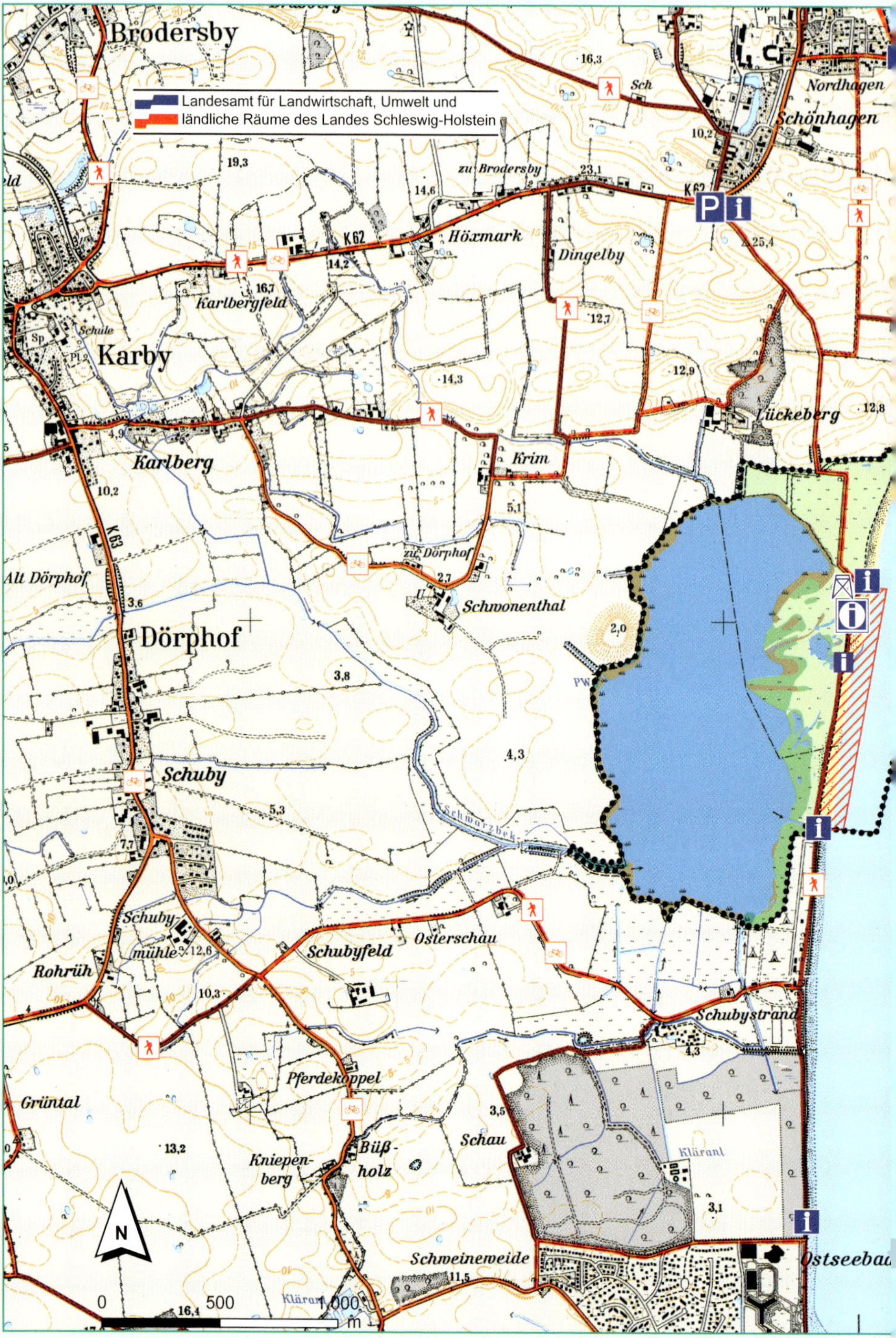

Landesamt für Landwirtschaft, Umwelt und ländliche Räume des Landes Schleswig-Holstein
Brodersby
Schönhagen
Nordhagen
Höxmark
Dingelby
Karlbergfeld
Karby
Karlberg
Krim
Lückeberg
Alt Dörphof
Dörphof
Schwonenthal
Schuby
Schwarzbek
Schuby-mühle
Rohrüh
Schubyfeld
Osterschau
Schubystrand
Pferdekoppel
Grüntal
Kniepen-berg
Büß-holz
Schau
Kläranl
Schweineweide
Ostseebad
K62
K63
N
0
500
1000
m

Wasser

Strand, Strandwall

Röhricht

Salzrasen, Feuchtgrünland

Grünland

Gehölz

Wanderweg

Radweg

Aussichtsturm

Aussichtspunkt

Informationstafel

Infozentrum

Parkplatz

Strand gesperrt von 15.3 bis 17.7

Grenze des Naturschutzgebiete

Betreut durch:
NABU Schleswig-Holstein
Färberstraße 51
24534 Neumünster
Tel. 04321-53734
mail: info@nabu-sh.de
www.nabu-sh.de

NABU Schleswig-Holstein

Kontakt vor Ort:
Kreis Rendsburg-Eckernförde
Untere Naturschutzbehörde
Kaiserstraße 8
2768 Rendsburg
Tel. 04331-202-0
mail: info@kreis-rd.de
www.kreis-rendsburg-eckernfoerde.de

Die artenreichen Schilfröhrichte und Bruchwälder sind Lebensraum seltener Vogelarten (Mo)

NATURSCHUTZGEBIET „SEEDORFER SEE UND UMGEBUNG"

Das Naturschutzgebiet „Seedorfer See und Umgebung" wurde 1978 mit dem Ziel ausgewiesen, einen noch weitgehend unberührten Binnensee mit weitläufigem **Röhrichtgürtel, Erlenwäldern und -gebüschen** sowie **Feuchtwiesen** und **Wälder** in der Umgebung zu erhalten und zu entwickeln. Aufgrund der relativen Störungsarmut und Naturnähe ist das Schutzgebiet Rückzugsraum für zahlreiche seltene und gefährdete Tier- und Pflanzenarten. Sowohl der 76 ha große See als auch ein Großteil des übrigen Naturschutzgebietes befindet sich in Privatbesitz. Das Betreten der Flächen ist größtenteils eingeschränkt.

Landschaftsentwicklung

Der Seedorfer See ist Teil des Naturraums Ostholsteinisches Hügelland. Er liegt in einer langgestreckten Rinne, deren Entstehung auf abtauende Gletscher am Ende der letzten Eiszeit zurückgeführt wird. Unter dem Eis abfließendes Schmelzwasser ließ im Untergrund langgestreckte Ausspülungen entstehen. Mit der Erwärmung des Klimas tauten die letzten Eisreste und die Vertiefungen füllten sich mit Wasser. Aufgrund stetiger Stoffeinträge aus dem Einzugsgebiet des See wuchs ein breiter Niedermoorgürtel auf. Um die an den See angrenzenden Moorflächen besser nutzbar zu machen, wurde in der Mitte des 19. Jahrhunderts der Kanal zur Tensfelder Au gegraben und der Seespiegel so um 1,3 m abgesenkt. Der Wasserabfluss wird seit dem über ein Wehr am Beginn des Kanals reguliert. Heute ist der von Natur aus nährstoffreiche See nur noch maximal 4,2 m tief. Die Waldflächen nördlich des Sees entstanden überwiegend durch Aufforstungen zwischen 1920 und 1930.

Abendstimmung am Seedorfer See (Mo)

Pflanzen- und Tierwelt

Der Seedorfer See ist von ausgedehnten Flachwasserbereichen geprägt. In windgeschützten Lagen hat sich die Gelbe Teichrose ausgebreitet. Für die insgesamt 14 hier vorkommenden Fischarten bietet die üppige, von verschiedenen Laichkrautarten aufgebaute Unterwasservegetation gute Deckung. Als typische Vertreter flacher Gewässer sind Hecht, Brasse, Güster und Schleie zu nennen. Die frühere Erwerbsfischerei wurde eingestellt. Der See ist von einem abschnittsweise bis zu 200 m breiten Verlandungsgürtel mit

Beutelmeise am Nest (Ste)

Röhrichten aus Schilf, Rohrkolben und Teichsimse sowie Seggenriedern gesäumt. Am nördlichen Ufer des Sees schließen sich landeinwärts Feuchtgebüsche und Bruchwaldbestände mit Weiden, Erlen, Birken und Eschen an. Zu den typischen Pflanzen im Unterwuchs gehören Schwertlilie, Sumpfdotterblume, Schwarze Johannisbeere und Sumpffarn. Im Röhricht brüten u.a. Rohrweihe, Graugans, Schilf- und Teichrohrsänger, Rohrammer und Bartmeise. Auch die scheue Rohrdommel legt ihr Bodennest im dichten Schilf an. Ihre nebelhornartigen Rufe sind kilometerweit zu hören. An den Spitzen herabhängender Zweige der Büsche fertigt die Beutelmeise ihr kunstvolles Nest. Wurzelteller umgestürzter Bäume dienen dem Eisvogel zur Anlage seiner Brutröhren. Der See ist für rastende und überwinternde Was-

Hecht (Hec)

Seeadler mit Beute (Nil)

servögel wie Enten und Gänse, Zwergsäger sowie Sing- und Zwergschwan von überregionaler Bedeutung. Mit Glück ist auch der Kranich zu beobachten. Regelmäßiger Gast ist der Seeadler, der den See als Nahrungsrevier nutzt. Das nördlich an den See anschließende Waldgebiet weist eine hohe Dichte an Damwild und Wildschweinen auf. Es findet ein kontinuierlicher ökologischer Waldumbau statt, der mit zunehmendem Alter eine hohe Dynamik mit verschiedenen Alt- und Totholzphasen zeigen wird. Einzelne strukturreiche Eichen-Buchenbestände bieten schon heute Nistmöglichkeiten für Höhlenbrüter wie Spechte, Schellente und den Waldkauz.

Schlüpfende Libelle an Teichrose (Ste)

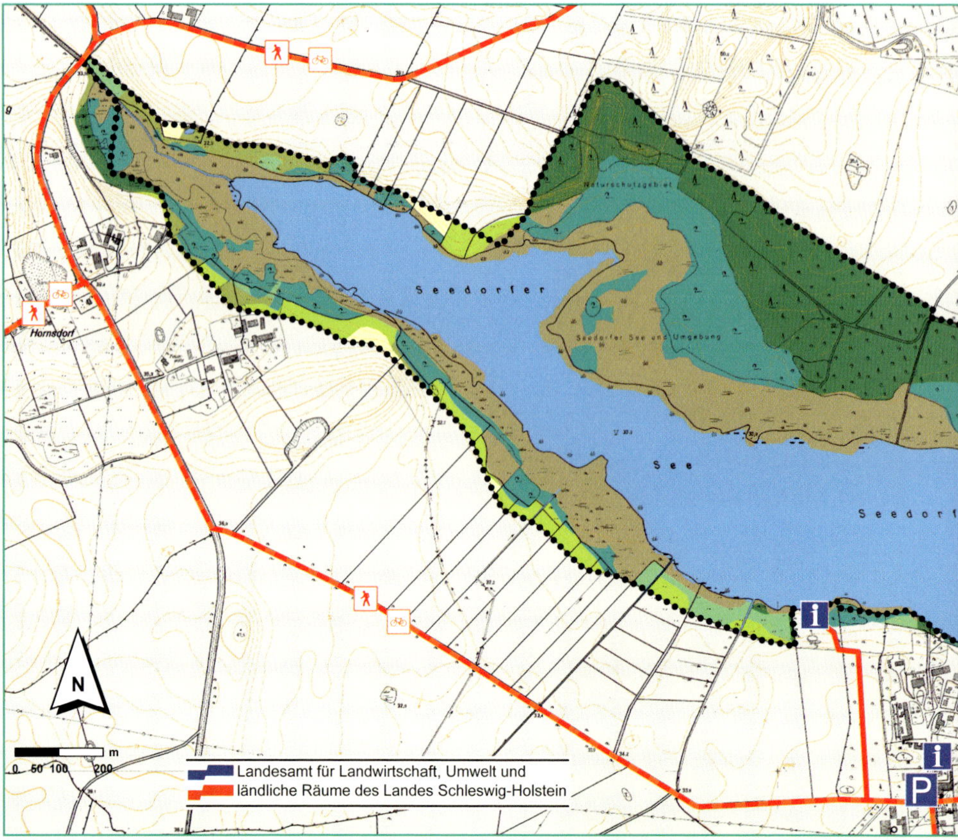

Gewässer

Schwimmblattzone

Wirtschaftswald

Bruchwald, Weidengebüsch

Röhrichte, Rieder

Nasswiesen, Hochstauden

Brache, Sukzession

Grünland

Acker

Grenze Naturschutzgebiet

Information

Parkplatz

War

Rad

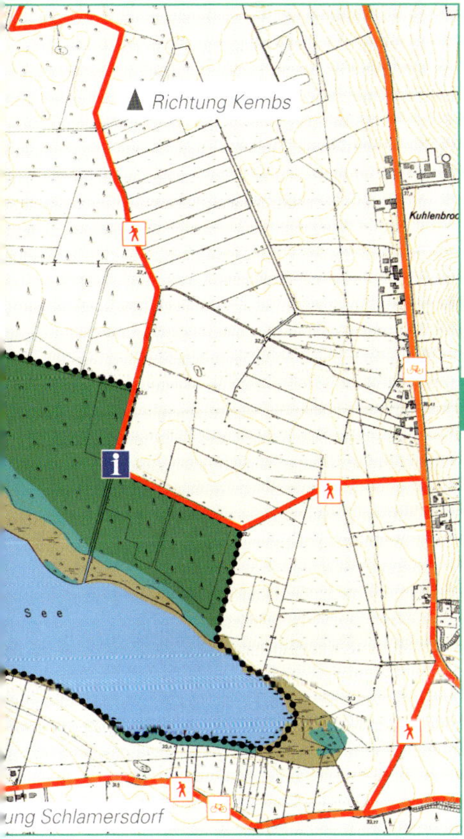

Betreut durch:
Landesjagdverband
Schleswig-Holstein
Böhnhusener Weg 6
24220 Flintbek
Tel. 04347-9087-0
mail: jagdverband-sh@t-online.de
www.ljv-sh.de

Kontakt vor Ort:
Gemeinde Seedorf
Kurfürstendamm 2
28823 Seedorf
Tel. 04555-600

Forstverwaltung Rixdorf
Forsthaus
24306 Lebrade
Tel. 04522-3118

Kreis Segeberg
Untere Naturschutzbehörde
Hamburger Str. 30
23795 Bad Segeberg
Tel. 04551-951-0
mail: info@kreis-segeberg.de
www.kreis-segeberg.de

NATURSCHUTZGEBIET „STECKNITZ-DELVENAU-NIEDERUNG"

Das Naturschutzgebiet „Stecknitz-Delvenau-Niederung" wurde 2002 mit einer Größe von 617 ha ausgewiesen. Zusammen mit dem Naturschutzgebiet „Stecknitz-Delvenau", das auf mecklenburgischer Seite bereits 1994 gesichert wurde, bildet es einen Teil des „Grünen Bandes". Dieses bundesweite **Biotopverbund-System** zwischen alten und neuen Bundesländern wird über die Schutzgebiete an der Elbe (Lauenburger Elbvorland – siehe Band 1 Seite 210 – und Elbhang Vierwald) nach Südosten und über Schaalsee (siehe Band 1 Seite 234) und Wakenitz nach Norden fortgeführt. In der Delvenau kommen zwei Fischarten vor, die unter besonderen Schutz der „Fauna-Flora-Habitat-Richtlinie" gestellt wurden: **Schlammpeitzger** und **Steinbeißer** leben auf dem sandigen bis schlammigen Grund des Gewässers. Das Gebiet ist deshalb Bestandteil des Europäischen ökologischen Netzes **„Natura 2000"**. Es verknüpft, zusammen mit den mecklenburgischen Flächen zudem weitere Arten und Lebensräume dieses „Biotop-Netzwerkes" zwischen dem Elbetal und der Ostsee.

Schlammpeitzger (Hec)

Steinbeißer (Hec)

Entstehung und Entwicklung

Zum Ende der letzten Eiszeit strömten große Wassermassen vom Abtauen der Eiszungen des Lübecker Beckens nach Süden zur Elbe und formten einen breiten Talzug. In weiten Schlingen (Mäandern) durchzogen in der Nacheiszeit langsam fließende, schmale Gewässer die breite Niederung. Im Talgrund bildete sich Niedermoor mit Sümpfen und nassen Wäldern, an den mageren Hängen wuchsen Arten der Heiden und trockenen Wälder. Im Mittelalter wurden die Gewässer Delvenau und Stecknitz für den Salztransport zwischen Lüneburg und Lübeck zu einem ersten Kanal verbunden. Der ehemalige Kanalverlauf und einige der alten Schleusenanlagen sind heute im Bereich des Schutzgebietes noch erhalten.

Nasse Wälder und Trockenrasen

Heute bietet der Talzug einen Querschnitt vieler im südöstlichen Schleswig-Holstein vorkommender Biotoptypen. Durch die besondere klimatische Situation des Raumes, mit wärmeren und trockeneren Sommern und kälteren Wintern als im übrigen Schleswig-Holstein, können hier auch wärmeliebende

Heide-Nelke (Mo)

Schachbrett (Schli)

Arten aus dem Elbe-Urstromtal auftreten. Magere Wiesen mit Straußampfer und Margerite, Trockenrasen mit Heidenelke und Sandstrohblume, Erlen-Eschenwälder mit Traubenkirsche, Seggensümpfe und nasse Hochstaudenfluren mit Gelber Wiesenraute und Langblättrigem Ehrenpreis sind nur einige Beispiele für die vielfältige Pflanzenwelt des Gebietes. Das enge Nebeneinander trocken-warmer und feuchter bis nasser Biotoptypen mit fließenden Übergängen von offenen Flächen bis zum Wald bietet geeignete Lebensräume für verschiedene Tierarten. So wurden bislang in diesem Raum fast 170 Schmetterlingsarten und etwa 20 Libellenarten gefunden. Vögel wie Neuntöter, Wachtelkönig, Braunkehlchen, Bekassine und Eisvogel brüten hier. Als Nahrungsgäste suchen beispielsweise Weißstorch, Rohrweihe und Kranich das Gebiet regelmäßig auf.

Eisvogel (Boe)

Schutz- und Entwicklungsmaßnahmen

Schutzziel ist es, die Delvenau als ein dynamisches Fließgewässer in einer naturnahen Niederungslandschaft zu erhalten. Während private Nutzflächen mit wenigen Einschränkungen weiterbewirtschaftet werden, kaufen der Kreis Herzogtum Lauenburg und die Stiftung Naturschutz Flächen auf, deren Düngung und Entwässerung dann eingestellt wird. Eine Mahd bzw. spezielle Beweidung einiger Bereiche soll dazu beitragen, auch das Überleben empfindlicher Arten, wie dem Schachbrett, zu sichern, die offene Böden, eine schüttere Pflanzendecke oder sonnige, blütenreiche Gehölzränder benötigen. Andere Bereiche werden sich eigenständig, ohne direkten menschlichen Einfluss, weiterentwickeln können.

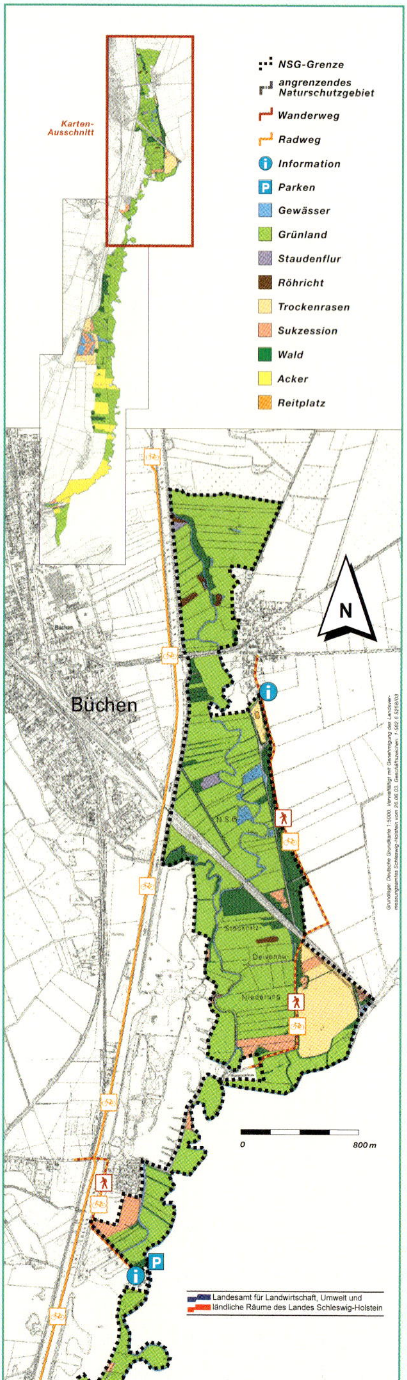
Karten-Ausschnitt
NSG-Grenze
angrenzendes Naturschutzgebiet
Wanderweg
Radweg
Information
Parken
Gewässer
Grünland
Staudenflur
Röhricht
Trockenrasen
Sukzession
Wald
Acker
Reitplatz
N
Büchen
0
800 m
Landesamt für Landwirtschaft, Umwelt und ländliche Räume des Landes Schleswig-Holstein

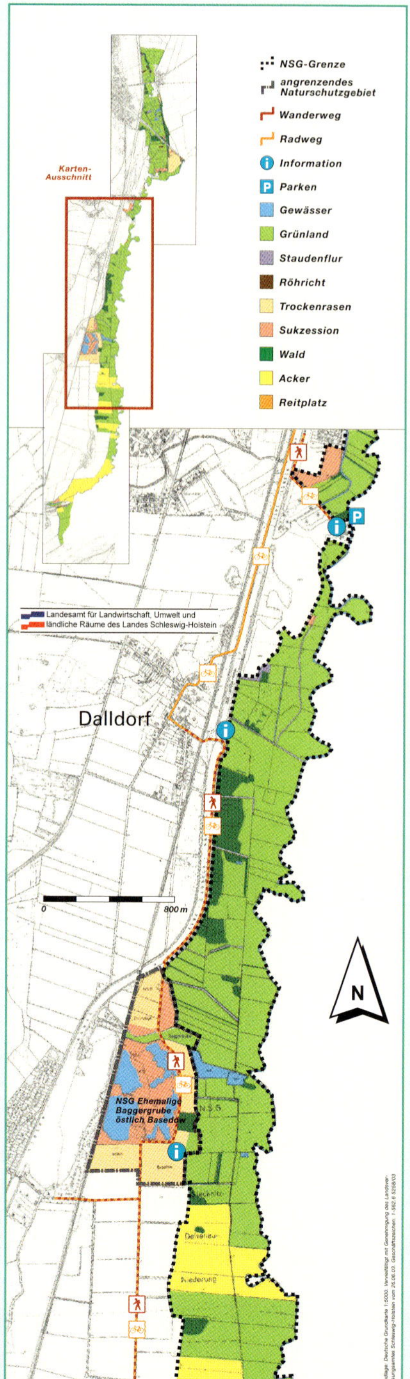
Karten-Ausschnitt
NSG-Grenze
angrenzendes Naturschutzgebiet
Wanderweg
Radweg
Information
Parken
Gewässer
Grünland
Staudenflur
Röhricht
Trockenrasen
Sukzession
Wald
Acker
Reitplatz
Landesamt für Landwirtschaft, Umwelt und ländliche Räume des Landes Schleswig-Holstein
Dalldorf
0
800 m
N
NSG Ehemalige Baggergrube östlich Basedow

Lauen burg

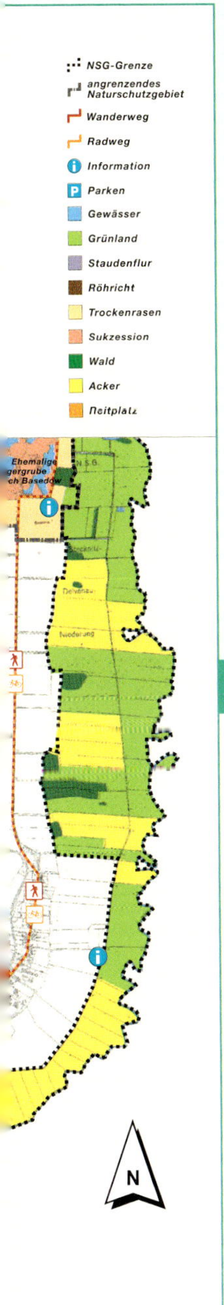

ndesamt für Landwirtschaft, Umwelt und
dliche Räume des Landes Schleswig-Holstein

Betreut durch:

BUND
Landesverband Schleswig-Holstein e. V.
Lerchenstraße 22
24103 Kiel
Tel. 0431 - 66060 - 0
mail: bund-sh@bund-sh.de

Kontakt vor Ort:
Kreis Herzogtum Lauenburg
Untere Naturschutzbehörde
Barlachstraße 2
23909 Ratzeburg
Tel. 04541 - 888 - 0
mail: info@kreis-rz.de
www.herzogtum-lauenburg.de

NATURSCHUTZGEBIET „STELLMOOR-AHRENSBURGER TUNNELTAL"

1982 wurde das Stellmoor-Ahrensburger Tunneltal vom Land Schleswig-Holstein als Naturschutzgebiet und Grabungsschutzgebiet mit 339 ha ausgewiesen. Das im Süden angrenzende „Stellmoorer Tunneltal" gehört zur Stadt Hamburg und wurde bereits 1978 unter Schutz gestellt. Zusammen mit dem Höltigbaum im Südosten bilden die Gebiete einen zusammenhängenden **Schutzgebietskomplex von über 1000 ha**, der die **Formenvielfalt der eiszeitlichen Entstehungsgeschichte** abbildet. Im Unterschied zu vielen anderen Naturschutzgebieten sollen hier neben Pflanzen und Tieren insbesondere auch die **geologisch und archäologisch bedeutsamen Stätten** erhalten und geschützt werden. Sie liegen, wie der Dänenteich, teilweise außerhalb des eigentlichen Talraumes und umfassen auch weniger naturnahe Bereiche wie den Forst Hagen. Wegen seines bedeutenden Kammmolch-Vorkommens gehört das Gebiet zum Europäischen ökologischen Netz **„Natura 2000"** (FFH-Gebiet).

Gilbweiderich (Schlie)

Sumpfblutauge (Ver)

Lebensraum zahlreicher Pflanzen und Tiere

Vielfältige Lebensräume bietet das Nebeneinander von offenen und bewaldeten Magerrasenflächen (auf durchragenden Sandrücken in der vermoorten Niederung), Bruchwäldern, Hochmoorresten, Schilfflächen, Wiesen, Still- und Fließgewässern. Weidengebüsche und Bruchwälder mit Erle und Birke, Traubenkirsche, Seggen, Farnen und Torfmoosen bilden die vorherrschende Vegetation der feucht-nassen Standorte vor allem im Nordteil des Gebietes. Dort kommen auch seltene Pflanzenarten wie Sumpfveilchen, Sumpfblutauge, Straußblütiger Gilbweiderich, Fieberklee und Kleiner Baldrian vor. In den Sümpfen und Kleingewässern sind Libellen artenreich vertreten. Die seltene Mond-Azur-Jungfer und die Große Königslibelle gehören ebenso dazu wie die Kleine Pechlibelle. Auch Amphibien wie Knoblauchkröte, Moorfrosch, Grasfrosch und Erdkröte leben hier. Besondere Bedeutung hat das individuenreiche Vorkommen des Kammmolches in diesem Raum, weswegen das Gebiet auch Teil des europäischen Schutzgebietssystems „Natura 2000" geworden ist. Feuchtgrünland gibt es überwiegend im schmaleren südlichen Talabschnitt. Im Frühjahr blühen hier Wiesenschaumkraut, Sumpfdotterblume, Kuckuckslichtnelke, Sumpfdreizack und die Sumpfschafgarbe. Bekassi-

Kammmolch (Hec)

Kiebitzkücken (AVJ)

Moorfrosch bei der Paarung (Stg)

ne und Kiebitz leben in diesen feuchten Wiesen und der Storch sucht hier seine Nahrung. Im Dickicht der Bruchwälder brüten Kranichpaare. In den Gewässern finden farbenprächtige Eisvögel und Graureiher ihre Beute.

Feuchtwiesen – seltene Lebensräume

Feuchtwiesen sind bedeutende Lebensräume für viele Vögel, Lurche und Wirbellose. Insbesondere bodenbrütende Vogelarten, wie Kiebitz, Bekassine und Wachtelkönig, finden auf den Feuchtwiesen des Ahrensburger Tunneltales den von ihnen benötigten selten gewordenen Lebensraum. Bei geringem Nährstoffgehalt können sich in der Feuchtwiese auch langsam wachsende Pflanzenarten gegen sonst konkurrenzstarke durchsetzen. Ein hoher Wasserstand begünstigt viele seltene feuchtigkeitsliebende Arten. So entstehen arten- und blütenreiche Feuchtwiesen, die nicht nur schön anzusehen sind, sondern auch vielen Tierarten einen reichhaltigen Nahrungs- und Lebensraum bieten. Bei der naturschutzgerechten Feuchtwiesenpflege müssen folglich Nährstoffanreicherung und Entwässerung vermieden oder rückgängig gemacht werden. Nur dann lassen sich bunte und artenreiche Feuchtwiesen erhalten.

Maßnahmen des Naturschutzes

Um diese wertvollen Lebensräume zu erhalten, werden Schutzmaßnahmen durchgeführt. Stillgewässer wurden wiederhergestellt und Bachabschnitte in ihren ursprünglichen Verlauf zurückverlegt. Die Grünlandflächen werden möglichst extensiv beweidet, um lichtbedürftige Arten zu erhalten und eine zu starke Zerstörung der Grasnarbe auf Niedermoor zu verhindern. Knicks, Niederwälder und andere Gehölze werden teilweise in bestimmten Zeitabständen beschnitten, um sie zu verjüngen und charakteristische Arten, wie den Wildapfel und andere Blütenpflanzen, auch als Nahrungsquelle für Schmetterlinge und Wildbienen zu fördern.

Alfred-Rust-Wanderweg

Auf zahlreichen Informationstafeln, entlang des Alfred-Rust-Wanderweges, können die Besucher auf archäologische Entdeckungsreise durch die Jahrtausende alte Kultur- und Besiedlungsgeschichte gehen. Hierüber informiert ein gesondertes Faltblatt, das bei den angegebenen Kontaktadressen (siehe Gebietskarte) und beim Landesamt für Landwirtschaft, Umwelt und ländliche Räume (LLUR) angefordert werden kann.

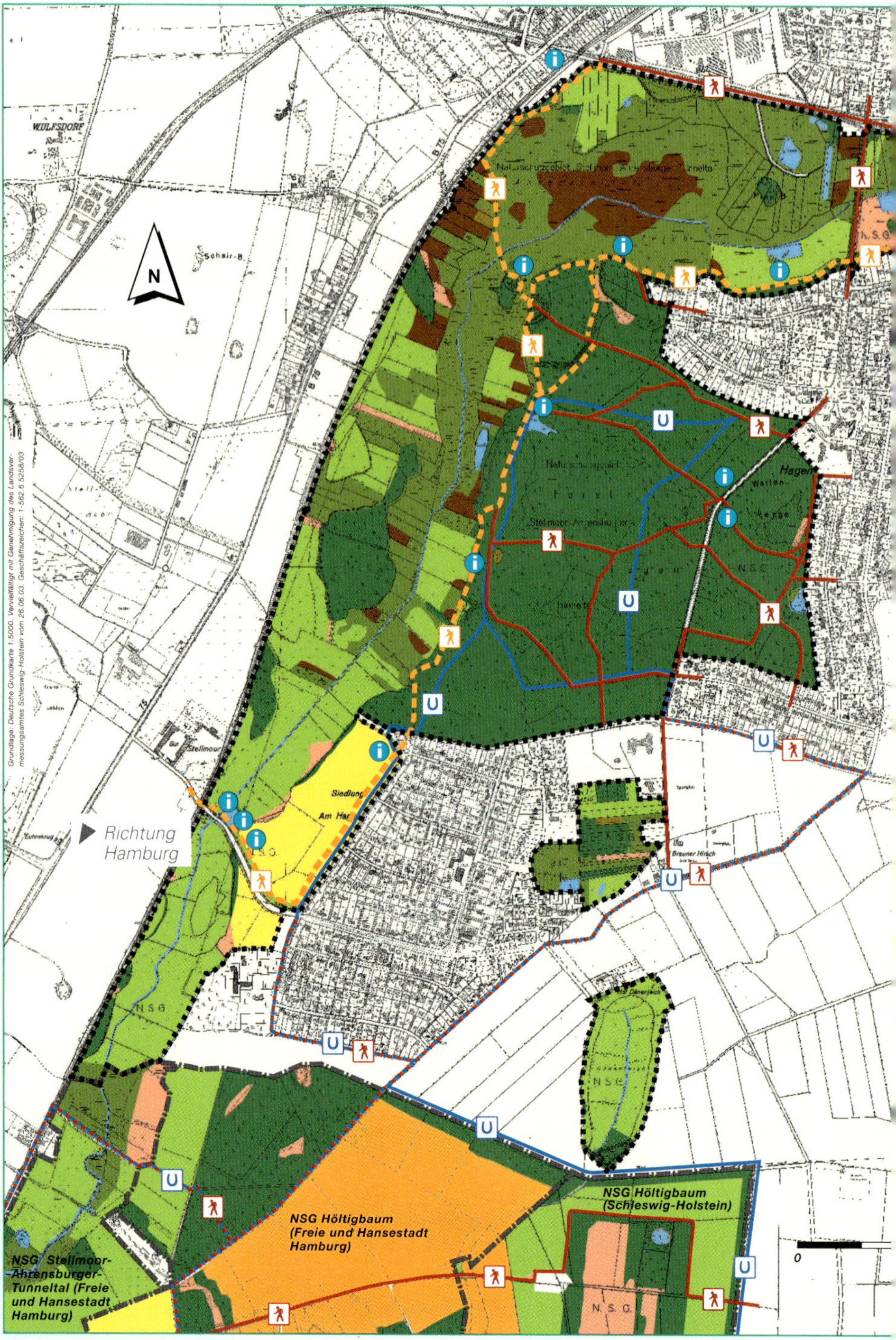
WULFSDORF
N
Richtung
Hamburg
Siedlung
Am Hai
Hagen
NSG Höltigbaum
(Freie und Hansestadt
Hamburg)
NSG Höltigbaum
(Schleswig-Holstein)
NSG Stellmoor-
Ahrensburger-
Tunneltal (Freie
und Hansestadt
Hamburg)
N.S.G.
Brauner Hirsch
0
Grundlage: Deutsche Grundkarte 1:5000. Vervielfältigt mit Genehmigung des Landsver-
messungsamtes Schleswig-Holstein vom 26.06.03. Geschäftszeichen: 1-562.6 5258/03

Betreut durch:
Verein Jordsand
Haus der Natur
Bornskampsweg 35
22926 Ahrensburg
Tel. 04102-32656
mail: info@jordsand.de
www.jordsand.de

Kontakt vor Ort:
Stadt Ahrensburg
Manfred-Samusch-Straße 5
22926 Ahrensburg
Tel. 04102-77158

Kreis Stormarn
Untere Naturschutzbehörde
Mommsenstraße
23840 Bad Oldesloe
Tel. 04531-160-0
mail: info@kreis-stormarn.de
www.kreis-stormarn.de

Luftbild Priwall mit zentraler Weide (Tie)

NATURSCHUTZGEBIET „SÜDLICHER PRIWALL"

Der Priwall ist eine ehemalige Strandwallebene in der Travemündung, die durch menschliche Einflüsse mehrfach verändert wurde. Auf dem südlichen Priwall sind jedoch die charakteristischen Lebensräume mit **Feuchtwäldern, Brackwasserröhrichten, Kleingewässern, Salzwiesen, Trockenrasen** und **Sanddorngebüschen** noch vorhanden, so dass dieses Gebiet 1998 mit einer Gesamtgröße von 148 ha zum Naturschutzgebiet erklärt wurde. Durch das immer noch vorhandene leicht wellige Relief der ehemaligen Strandwälle mit feuchten und trockenen Standorten, die besonderen klimatischen Bedingungen im Lübecker Becken mit höheren Sommer- und tieferen Winter-Temperaturen, sowie den Salzwassereinfluss der Ostsee konnte sich eine Vielfalt von seltenen Pflanzengesellschaften entwickeln. Die Vielfalt der Pflanzengesellschaften spiegelt sich auch in der Tierwelt wider. **Seltene Amphibien-, Reptilien-, Fledermaus- und Insekten-Arten** finden hier geeignete Lebensräume. Fast 40 Brutvogelarten konnten nachgewiesen werden. Der Priwall mit den angrenzenden Flachwasserzonen der Pötenitzer Wiek hat eine internationale Bedeutung als Raststation für die im Frühjahr und Herbst regelmäßig durchziehenden Vogelarten. Er ist Bestandteil des Europäischen ökologischen Netzes **„Natura 2000"** (FFH-Gebiet und Vogelschutzgebiet).

Entstehung und Entwicklung

Durch küstenparallele Strömungen wurde die Travemündung mit Sanden von den Steilufern der inneren Lübecker Bucht aufgefüllt. Dadurch entstand zunächst ein freier Strandwall, dem sich im Laufe der Zeit immer mehr Strandwälle vorlagerten und eine Strandwallebene – der Priwall – entstand. Umfangreiche Sandaufspülungen zur Landgewinnung und –festlegung vom Beginn des 20. Jahrhunderts bis 1958 führten zu einer erheblichen Veränderung in Größe und Geländeform der Halbinsel. Aufforstungen mit Hybrid-Pappeln, Grau-Erlen und Nadelhölzern prägen teilweise auch heute noch das Landschaftsbild.

Zwischen Erlenbruch und Sanddorngebüsch

Durch die hohe Verdunstungsrate der Pappel bewirkte die Aufforstung in der Mitte des letzten Jahrhunderts zunächst eine zunehmende Austrocknung der in der Nähe gelegenen Feuchtflächen. Seit der Ausweisung des Naturschutzgebietes werden die Waldflächen jedoch nach dem Prinzip der natur-

Entwicklung eines Feuchtwaldes (HL)

nahen Waldwirtschaft der Hansestadt Lübeck entwickelt, so dass natürliche Prozesse wieder ablaufen können. Heimische Arten wie Sanddorn, Wildrosen, Weiden und Birken wandern nach und nach ein und wenn die Standortverhältnisse geeignet sind, später auch Eichen und Buchen. Die nicht heimischen Pappeln und Grau-Erlen sterben langsam aufgrund ihres Alters und des Salzwassereinflusses durch Überschwemmungen bei Ostsee-Hochwasser ab. In den Blänken entstehen erneut sumpfige Flächen mit Schilfröhrichten, Großseggenriedern und den heimischen Schwarz-Erlen. In größeren Bereichen hat sich bereits Unterholz aus Weiden, Weißdorn und anderen Gebüschen gebildet, so dass ein fast auenwaldartiger Lebensraum entsteht. Auf den trockenen Wällen des immer noch vorhandenen leicht welligen Reliefs der ehemaligen Strandwälle haben sich mittlerweile dichte Sanddorngebüsche entwickelt. Im Herbst und Winter können hier Scharen von Singvögeln, vor allem Wacholderdrosseln, Rot- und Singdrosseln, beobachtet werden, die von den Früchten des Sanddorns und Holunders angelockt werden.

Sukzession von Trockenrasen

Der etwas abseits liegende östliche Teil des Naturschutzgebietes weist die unterschiedlichen natürlichen Entwicklungsstadien von Trockenrasen auf. Die zunächst offenen Sandflächen werden abgelöst durch schüttere Grasfluren mit seltenen Arten, die später von den ostseetypischen Sanddorngebüschen überwuchert werden. Das meist nur wenige Zentimeter große

Sanddorngebüsch (HL)

Hauhechel-Bläuling (Schli)

Dunkelbrauner Bläuling (Schli)

Kegel-Leimkraut ist auf offene Sandflächen zur Keimung angewiesen. Es hat hier seinen größten Bestand in Schleswig-Holstein.

Zentrale Weide

Die „Zentrale Weide" ist ein Relikt des früher den gesamten Priwall prägenden offenen Landschaftsbildes. Hier kommen Pflanzengesellschaften vor, die an die episodischen Überschwemmungsphasen angepasst sind und auch dem Brackwasser-Einfluss im Südosten standhalten. Die Feuchtzonen der Weide stellen für viele Amphibien einen wichtigen Lebensraum dar. Sie ist ein Brutgebiet für Wiesenvögel und für durchziehende Wat- und Wasservogel-Arten ist die Priwall-Weide ein wichtiger Rastplatz.

Die Vogelwelt des Priwalls

Am Priwall, in der Pötenitzer Wiek und auf dem Dassower See finden sich alljährlich zu den Vogelflugzeiten und im Winter viele Zugvögel in hoher Arten- und Individuenzahl ein. Berg-, Reiher-, Schell- und Tafelenten, Bless- und Saatgänse sowie Gänsesäger und Singschwäne nutzen die geschützten Wasserflächen und deren Umgebung zur Rast und Nahrungsaufnahme. Vor allem bei vorherrschenden Westwinden sammeln sich die Schwärme dicht am Süd- und Ostufer des Priwalls. Das gesamte Gebiet hat daher eine internationale Bedeutung als Rast- und Überwinterungsgebiet für Wasservögel. Um die rastenden Vögel nicht aufzuschrecken, sollten die Wege nicht verlassen und Hunde an der Leine geführt werden.

Singschwan (LLUR)

Richtung Travemünde
Klär-
teiche
Kläranlage
Teich
Untere Trave
Grenze des Naturschutzgebietes
Wald/Gehölze
Weide, Grünland
Trockenrasen/ Binnendünen
Röhricht
Gewässer
Ruderalfluren
Sukzession
Grünfläche

Straße/Weg

Reitweg

Wanderweg

Betreut durch:
Stadtwald Lübeck
Kronsforder Landstraße 80
23560 Lübeck
Tel. 04508-7722-0
mail: stadtwald@luebeck.de
www.luebeck.de

Kontakt vor Ort:

Hansestadt LÜBECK

Hansestadt Lübeck
Untere Naturschutzbehörde
Rathaus
23539 Lübeck
Tel. 0451-122-0
mail: naturschutz@luebeck.de
www.luebeck.de

NATURSCHUTZGEBIET „TAL DER LANGBALLIGAU"

Das Tal der Langballigau ist eines der landschaftlich reizvollsten Bachtäler an der schleswig-holsteinischen Ostseeküste. Das tief in eine Grundmoräne eingeschnittene Tal mit seinen naturnahen **Hanglaubwäldern** und **Feuchtbiotopen** sowie seinem **mäandrierenden Bach** beherbergt eine einzigartige Pflanzen- und Tierwelt. Mit einer Größe von 124 ha wurde es deshalb 1990 zum Naturschutzgebiet erklärt. Es ist Bestandteil des Europäischen ökologischen Netzes „Natura 2000" (FFH-Gebiet).

Entstehungsgeschichte des Tals

Abfließendes Schmelzwasser unter dem Eis während der letzten Eiszeit und mit großem Gefälle abfließende Wassermassen in die damals 20 m tiefer liegende Ostsee nach der letzten Eiszeit haben dieses Tal geformt. Durch den Anstieg der Ostsee vor etwa 5.000 bis 7.000 Jahren auf den heutigen Pegelstand kam es zu einem Rückstau des Baches und einer Anhebung des Grundwasserspiegels. Schwemmsand füllte im Laufe der Zeit den Talboden wieder auf. Auf den grundwassernahen Flächen entstanden später Moore und Bruchwälder. Im Laufe der Zeit hat sich vor der Mündung der Au ein

Luftaufnahme aus dem Jahr 2002 (Blick von Norden) (SN)

Nach Aufgabe der Bewirtschaftung beginnt die Sukzession (Rei)

Strandwallfächer vorgelagert. Dieser hat sich aus der Abtragung von Material der Steilküsten durch Strömung und Wellenschlag gebildet. Dadurch wurde die ursprüngliche Mündung der Au nach Westen verlagert. Die Entdeckung eines Gräberfeldes der Wikinger auf dem mittleren Bereich des Strandwalles deutet darauf hin, dass in der Umgebung seit 850 n. Chr. bereits Menschen gesiedelt haben. Später wurden die Wälder im Tal vollständig gerodet und durch Anlage von Entwässerungsgräben in neue Nutzflächen für die Landwirtschaft umgewandelt. Die mühselige Arbeit der Bewirtschaftung dieser Flächen lohnt sich jedoch für die moderne Landwirtschaft nicht mehr.

Pflege und Sukzession

Immer mehr Flächen werden wiedervernässt und sich selbst überlassen, so dass Sumpfwiesen und Bruchwälder in ihrer ursprünglichen Form entstehen können (Sukzession). Aber auch die feuchten Grünländer sollen erhalten werden. Dies wird durch extensive Beweidung mit Robustrindern versucht, die Schilf und Gebüsch zurückdrängen, um die interessante Artenvielfalt im Autal zu erhalten.

Die Lebensräume der Langballigau

Auf den ehemaligen Wiesen der Niederung breiten sich wieder Schilf- und Seggenbestände aus. Hochstauden wie Mädesüß, Kohldistel und Wald-Engelwurz haben sich auf den nährstoffreichen Niedermoor-Böden angesiedelt, aber auch das Breitblättrige Knabenkraut kommt hier noch vor. Die Langballigau, ihre Seitenbäche und Quellen gehören zu den ursprünglichsten Lebensräumen des Autales. Charakteristische Arten klarer, schnell strömender Gewässerabschnitte wie die Gebirgsstelze und der Eisvogel kommen ebenso vor wie seltene Sauergräser und Schneckenarten in den sumpfigen Quellbereichen. Im Bereich der Mündung, bis etwa 1 km talaufwärts, wirkt sich noch der Einfluss von Überschwemmungen mit dem salzhaltigen Ostseewasser auf die Vegetation aus. Eine typische Art dieser Salzwiesen ist der Strand- Dreizack. In den quelligen Randlagen der Niederung wachsen Erlen-Eschen-Wälder und Eschen-Wälder. Auffällig ist der gefährdete Riesenschachtelhalm mit seinen fast meterhohen Trieben. In den nassen Erlenbruchwäldern treten Schwertlilie und Wasserminze auf. Hangaufwärts folgen Edellaub-Mischwälder mit Bergahorn, Ulme, Buche und Esche oder reine Buchenwälder auf mehr oder weniger kalkreichen Böden.

Strand-Dreizack (Knö)

Die Tierwelt der Langballigau

In diesen vielfältigen Lebensräumen des Tales leben zahlreiche im Bestand gefährdete Tierarten. Neben vielen Libellen-, Heuschrecken- und Schmetterlingsarten findet man auch mehrere Amphibienarten und vereinzelt sogar die Ringelnatter. Etwa 50 Vogelarten können beobachtet werden.

Die sehr seltene, 2–3 mm große Bauchige Windelschnecke lebt in quelligen Seggenriedern (Wie)

DIE SCHWARZERLE

Erlenzweige mit Blüten (LLUR)

Die Erle ist ein typischer Baum nasser Standorte. Ihre Wurzeln bilden Wurzelknöllchen aus, die mit Bakterien besiedelt sind. Die Bakterien können den Luftstickstoff in organische Stickstoffverbindungen umwandeln, welche dem Baum dann zur Verfügung gestellt werden. Diese zusätzliche Nährstoffquelle und die Stelzwurzeln der Erle lassen den Baum gut an solch extremen Standorten überleben. Bemerkenswert ist die Wechselbeziehung der Erle mit dem Blauen Erlenblattkäfer. Der kleine, schwarzblau glänzende Käfer überwintert im Boden und frisst im Frühjahr zunächst in den unteren Blattregionen der Erle. Im Mai/Juni legt er seine Eier in weiter oben gelegene Blattschichten. Dann tritt zunächst eine Erholungspause für die Erle ein, bis im Sommer die sich entwickelnden Larven die mittleren Blattregionen der Erle verzehren. Im August ziehen sich die Larven wiederum in den Boden zurück, verpuppen sich dort und ernähren sich dann als Jungkäfer von den Blättern in den oberen Blattregionen. Durch dieses Fraßverhalten kann die Erle den Verlust an Blattsubstanz gut ausgleichen. Schwarzerlen blühen vor der Blattbildung mit gelben männlichen Kätzchen und roten weiblichen Blüten.

Erlenharfe im Bruchwald (Rei)

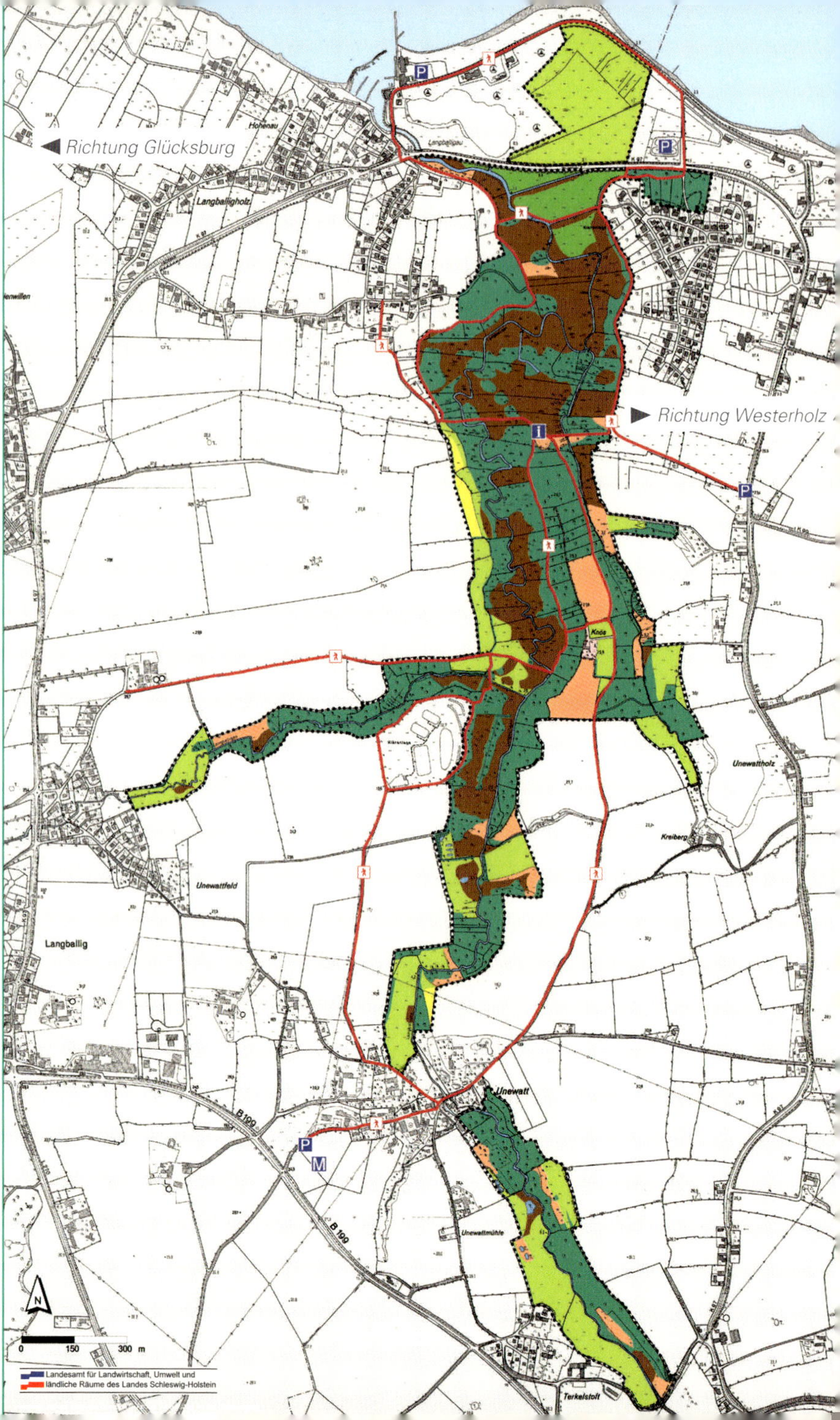

Richtung Glücksburg
Richtung Westerholz
Hohenau
Langballigholz
Langballigau
Knös
Unewattholz
Kreiberg
Unewattfeld
Langballig
Unewatt
Unewattmühle
Terkelstoft
B 199
0
150
300 m
Landesamt für Landwirtschaft, Umwelt und ländliche Räume des Landes Schleswig-Holstein

- Grenze des Naturschutzgebietes
- Wald/Feldgehölz
- Grünland salzwasserbeeinflußt
- Grünland
- Sukzession
- Acker
- Röhricht
- Gewässer
- Bebauung
- Wanderweg
- P Parkplatz
- M Landschaftsmuseum

Betreut durch:
Naturschutzverein
im Amt Langballig
c/o Dr. Detlef Reise
Grönholm 27
24999 Wees
Tel. 04631-2613
mail: detlef.reise@freenet.de

Kontakt vor Ort:
Landrat des Kreises Schleswig-Flensburg
Untere Naturschutzbehörde
Flensburger Straße 7
24837 Schleswig
Tel. 04621-87-0
mail: info@schleswig-flensburg.de
www.schleswig-flensburg.de

Die landschaftliche Vielfalt ist Grundlage des Artenreichtums im Naturschutzgebiet (Mo)

NATURSCHUTZGEBIET „TWEDTER FELD“

Das 90 ha große „Twedter Feld" ist im Jahr 2003 als erstes Naturschutzgebiet Flensburgs ausgewiesen worden. Das beliebte Naherholungsgebiet liegt teilweise auf einem ehemaligen Militärgelände, in dem sich auf engstem Raum ein einmaliges Mosaik aus **Bruch- und Laubwäldern, Knicks, Wiesen, Tümpeln, Heiden** und **Trockenrasen** entwickeln konnte. Dieser kleinräumige Reichtum an wertvollen Lebensräumen, Tieren und Pflanzen gab den Ausschlag für die Unterschutzstellung des Gebietes. Es ist als FFH-Gebiet Bestandteil des Europäischen ökologischen Netzes „**Natura 2000**" .

Bewegte Vergangenheit

Die wellige Geländeform geht auf die Gletscher der letzten Eiszeit („Weichsel- Vereisung") zurück. Nach deren Abschmelzen vor etwa 10.000 Jahren blieben lehmige und sandige Ablagerungen („Moränen") zurück. In der Folgezeit breiteten sich das ganze Land bedeckende Wälder und Moore aus. Die Siedlungsgeschichte des 1936 in die Stadt Flensburg eingemeindeten Dorfes „Twedt" (=Rodung) begann vor etwa 1.000 Jahren. Das heutige Schutzgebiet war nach der Waldrodung bis zur Verkoppelung Teil der Gemeinschaftsflächen des Dorfes (Allmende), auf denen die Bauern Ackerbau und Viehzucht, aber auch Waldweide und Torfabbau betrieben. 1910 kaufte das Deutsche Reich den nördlichen Teil des Gebietes als Schießstand und Übungsgelände für die Marineschule. Die „Abschottung" des Militärgeländes schaffte die Voraussetzungen für die Entwicklung der heutigen wertvollen Lebensräume. Vom Kahlschlag der Nachkriegszeit erholt, haben sich

Torfmoosreicher Birken-Bruchwald (Mo)

die Gehölze zu einem landesweit bedeutsamen Sukzessionswald entwickelt. Nach dem Rückzug des Militärs wurde die Stadt Flensburg zur Eigentümerin der Flächen. Der weiterhin landwirtschaftlich genutzte Südteil ist auch heute noch in Privathand.

Kelchbecherling (Nis)

Vielfalt am Stadtrand: Die Tierwelt

Für ein so kleines Gebiet erstaunlich ist das Vorkommen vieler Charakterarten verschiedenster Lebensräume. So können typische Waldvögel wie Buntspecht und Trauerschnäpper genauso wie die Charakterarten der Knicklandschaft, Goldammer und Dorngrasmücke auf engem Raum beobachtet werden. Bemerkenswert sind die Vorkommen des Neuntöters und des stimmgewaltigen Sprossers, der Zwillingsart der Nachtigall. Beide Vogelarten sind auf „ungepflegte", gebüschreiche Bereiche angewiesen und finden deshalb in der ausgeräumten Agrarlandschaft nur noch sehr selten Brutmöglichkeiten. Mit viel Geduld lassen sich die wärmeliebende Waldeidechse und die Ringelnatter an ihren Sonnenplätzen beobachten. Wie diese Kriechtiere benötigt auch der Laubfrosch reich strukturierte Lebensräume sowie intakte, durch Gehölzstrukturen verbundene Gewässer. Bei den Insekten sind die anspruchsvollen und gefährdeten Arten der Sandtrockenrasen besonders hervorzuheben. Auch Tagfalter wie der Hauhechel-Bläuling oder der Kleine Feuerfalter sind als Spezialisten an diese „Sandsteppen" gebunden. Zu den artenreichen Lebensräumen gehört absterbendes Holz (Totholz). Etwa 600 Großpilzarten wie der Kelchbecherling und rund 1350 Käferarten wie der Moschusbock sind an der Zersetzung von abgestorbenem Holz beteiligt. Viele Holzbewohner stehen auf der Roten Liste der vom Aussterben bedrohten Arten, da es in Wäldern heute kaum noch Totholz gibt.

Goldammer (Stg)

Moschusbock (Nis)

Waldeidechse (Stg)

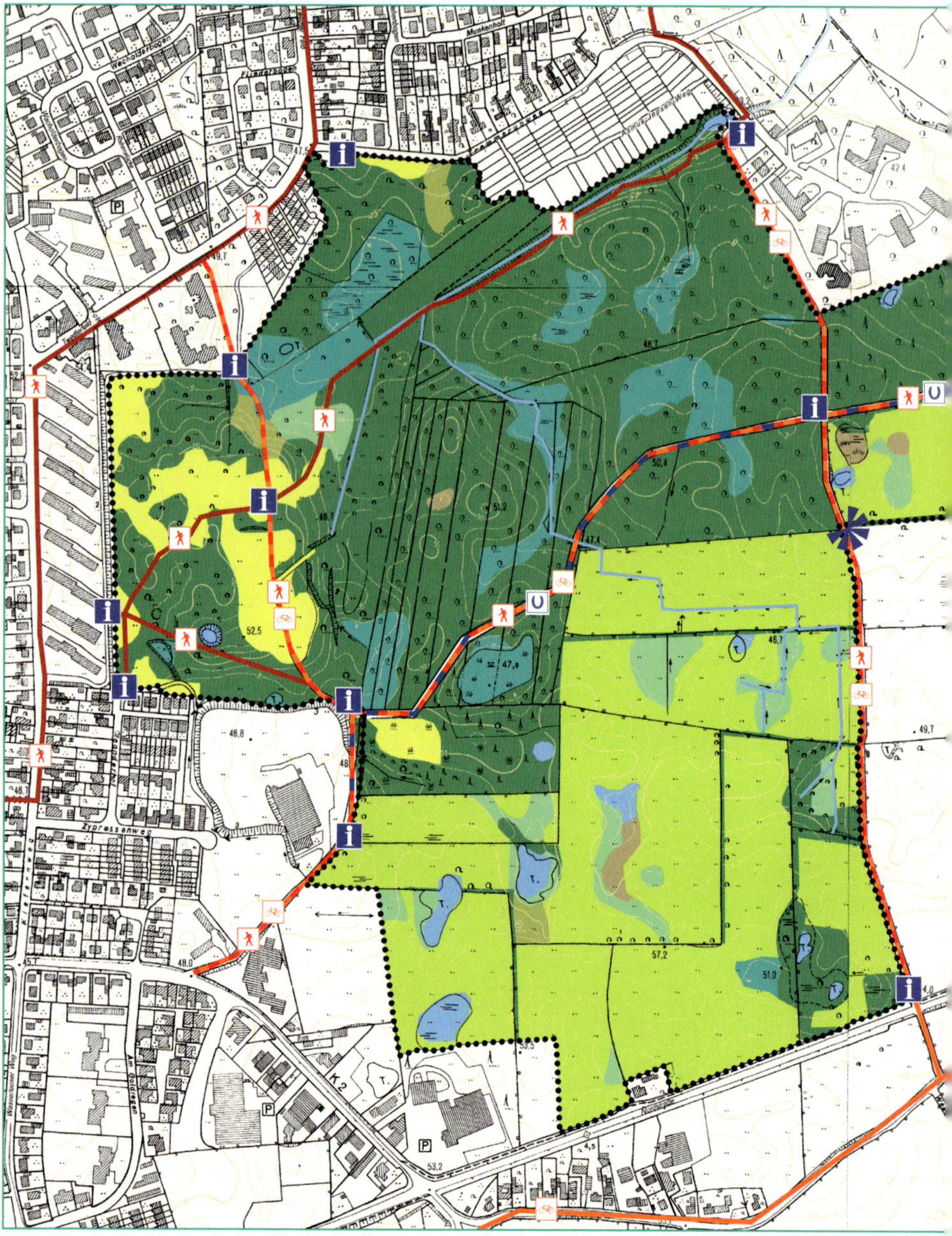

Wald, Forst, Gehölz
Bruch-, Sumpfwald
Gewässer
Röhricht/Seggenried
Feuchtgrünland
Magerrasen
Grünland
Ruderal-, Staudenflur
Wande
Radrou
Reitrou

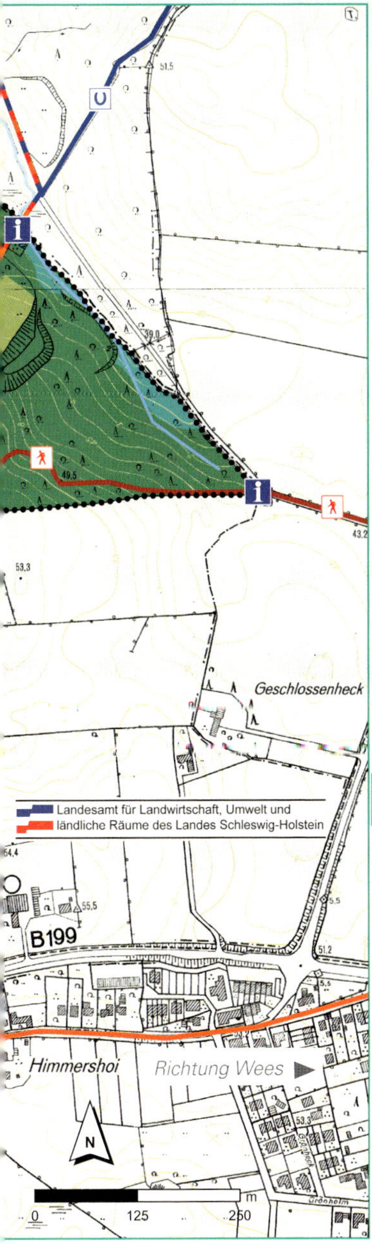

Infotafel

Aussichtspunkt

Grenze des Naturschutzgebietes

Betreut durch:
NABU Schleswig-Holstein
Färberstraße 51
24534 Neumünster
Tel. 04321-53734
mail: info@nabu-sh.de
www.nabu-sh.de

Kontakt vor Ort:
Stadt Flensburg
Untere Naturschutzbehörde
Rathausplatz 1
24917 Flensburg
Tel. 0461-85-0
mail: pressestelle@flensburg.de
www.flensburg.de

Lebrader Teiche (Hey)

NATURSCHUTZGEBIET „VOGELFREISTÄTTE LEBRADER TEICHE“

Die Teichlandschaft um Lebrade besitzt eine herausragende **Bedeutung für Wasservögel**. Dies erkannte bereits der Eigentümer des Gutes Rixdorf in den 30er Jahren des letzten Jahrhunderts, auf dessen Betreiben dieses Gebiet dann 1938 unter Naturschutz gestellt wurde. Das Schutzgebiet „Vogelfreistätte Lebrader Teiche“ war damit das erste Naturschutzgebiet im Kreis Plön und umfasst heute eine Fläche von 146 ha. Es ist Bestandteil des Europäischen ökologischen Netzes „**Natura 2000**“ (FFH-Gebiet und Vogelschutzgebiet).

Im Winter ohne Wasser

Zu den Adelsgütern Ostholsteins gehörten früher oft Karpfenteiche. So ließ das Gut Rixdorf Ende des 17. Jahrhunderts die große Niederung bei Lebrade zur Karpfenmast anstauen. Zur Wasserstandsregulierung diente ein Stauwehr, der so genannte „Mönch“. Das durchschnittlich nur ein Meter tiefe Gewässer erwärmte sich während des Sommers schnell, so dass die Wärme liebenden Karpfen zügig wachsen konnten. Im Herbst wurde der Teich abgelassen, die Karpfen abgefischt und vermarktet. Über Winter blieb der Schlammboden offen liegen, um die Nährstoffe freizusetzen und den Verlandungsprozess zu begrenzen. Im Frühjahr wurde das Gewässer wieder angestaut und mit zwei- oder dreijährigen Karpfen neu besetzt. Seit 1912 teilt der Straßendamm den Teich in zwei Gewässer. Im Jahr 1995 wurde die sich inzwischen nicht mehr lohnende Karpfenmast eingestellt. Daraufhin hat die Marius-Böger-Stiftung die beiden Teiche zu Zwecken des Naturschutzes langfristig gepachtet. Seitdem wird auf künstlichen Fischbesatz verzichtet.

Artenreiche Vogelwelt

Die Lebrader Teiche sind seit Jahrzehnten als „Wasservogelparadies" bekannt. Die in Deutschland seltenen Krick-, Knäk- und Kolbenenten brüten hier mit mehreren Paaren. Für den Rothalstaucher zählen die Lebrader Teiche zu den bedeutendsten Brutplätzen in Deutschland. Auch Rohrdommel, Rohrweihe, Wasser- und Tüpfelralle nisten in den breiten Schilfgürteln. Eine große Bedeutung hat der Teichkomplex als Mauser- und Rastgewässer. Bis zu 5.000 Wasservögel halten sich im Sommer und Herbst zeitgleich auf den

Kiesbank mit Wasservögeln während des herbstlichen Ablassens (Hey)

Knäkente-Männchen (We)

Rothalstaucher (NABUWa)

Teichen auf. Über 2.000 Schnatterenten weiden dann die Wasserpflanzenbestände ab, die aufgrund der geringen Wassertiefe gut erreichbar sind. Mehr als 1.000 Löffelenten rasten hier im Spätsommer auf ihrem Zug in die Überwinterungsgebiete.

Schilf und Moor

Die offenen Wasserflächen nehmen nur knapp die Hälfte des Naturschutzgebietes ein. Gesäumt werden sie von breiten Röhrichtgürteln und Weidengebüschen. Im Südosten schließt sich ein kleines unzugängliches Moor an die Verlandungszone an, in dem unter lichtem Kiefernbestand dichte Torfmoospolster, Sonnentau und Wollgras wachsen.

Stichlinge und Karpfen

Die winterliche Trockenlegung wird zwar vor allem zur Verbesserung der Gewässergüte beibehalten, doch durch den Verzicht auf den Fischbesatz sind die Wasservogelbestände aufgrund des erhöhten Nahrungsangebotes deutlich gestiegen. Die Unterwasservegetation, welche die Nahrungsgrundlage

Gelbe Schwertlilie (Sei)

für mehrere Entenarten und Schwäne bildet, gedeiht besser, wenn keine Karpfen mehr im schlammigen Grund wühlen und das Wasser trüben. In den ausgedehnten Unterwasserwiesen leben zahllose Zwergstichlinge und Wasserinsekten, die wiederum Nahrungsgrundlage der tauchenden Vogelarten sind. Am Boden lebende Schnecken und Zuckmückenlarven werden nicht mehr von den Karpfen vertilgt und stehen damit den Wasservögeln ebenfalls vermehrt zur Verfügung.

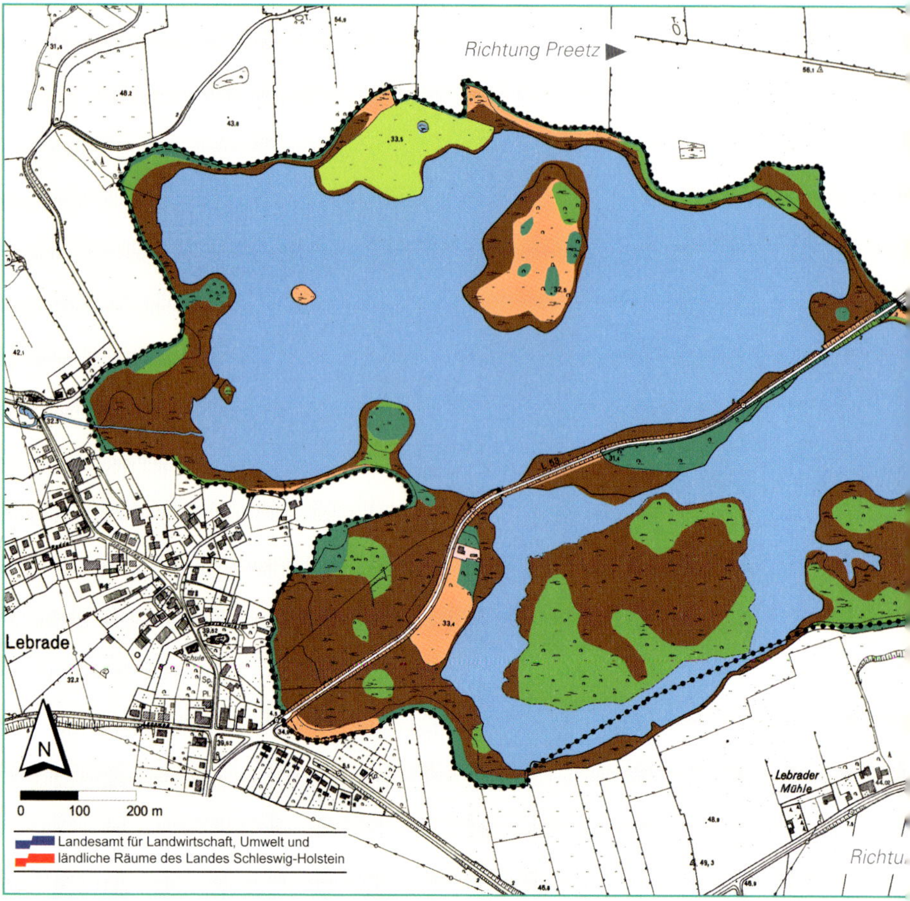

Grenze des Naturschutzgebietes

Gehölze/Knicks

Weidengebüsch

Röhricht/Seggenbestände

Gewässer

Extensivgrünland

Gras- und Staudenfluren

Moor

Moor mit Kiefernwald

Betreut durch:
Markus-Böger-Stiftung
Strohberg 5-6
24306 Plön
Tel. 04522-3971

Kontakt vor Ort:
Kreis Plön
Untere Naturschutzbehörde
Hamburger Straße 17-18
24306 Plön
Tel. 04522-743-0
mail: verwaltung@kreis-ploen.de
www.kreis-ploen.de

Amazonas des Nordens (Step)

NATURSCHUTZGEBIET „WAKENITZ“

Die Wakenitz-Niederung ist eine der schönsten Flusslandschaften Schleswig-Holsteins. Auf schleswig-holsteinischem Gebiet erstreckt sie sich vom Ratzeburger See bis hin zur Hansestadt Lübeck. Aufgrund der urwüchsigen Ausprägung auch schon als „Amazonas des Nordens“ bezeichnet, wurden 1999 in Schleswig - Holstein etwa 607 ha unter Naturschutz gestellt. Die angrenzenden Niederungsgebiete in Mecklenburg-Vorpommern stehen ebenfalls unter Schutz. Zusammen bilden sie einen Kernbereich des Naturschutzes als „Grünes Band“ zwischen den alten und neuen Bundesländern. **Urwaldartige Erlenbrüche** und lichte Laubwälder, verschwiegene **Moorgewässer** und **sumpfige Wiesen**, alte **Binnendünen** und einzigartige **Trockenrasen** prägen hier die Landschaft. Das Gebiet ist teilweise Bestandteil des Europäischen ökologischen Netzes „**Natura 2000**“ (FFH-Gebiet und Vogelschutzgebiet).

Entstehung der Flussniederung

Nach dem Abschmelzen der hohen Eiszeitgletscher, die über dem Lübecker Raum lagen, blieb ein tiefes Becken zurück. In diesem sammelte sich ein Teil des Schmelzwassers als See. Der andere Teil floss in südliche Richtung, zum heutigen Ratzeburger See. Die Umkehrung der Fließrichtung nach Norden erfolgte später mit dem weiteren Rückzug des Eises. Durch Einrichtung mehrerer Wassermühlen im Mittelalter und dem damit verbundenen Aufstauen des Flusses entstand teilweise der Charakter einer Seenlandschaft. Der Name Wakenitz ist slawischer Herkunft und bedeutet „Barschfluss" – eine Bezeichnung für besonders saubere Flüsse.

Amazonas des Nordens

Eisvogel (AVJ)

Ringelnatter (LLUR)

Ehemals an der deutsch-deutschen Grenze gelegen, ist das Flussufer bis heute weitgehend unverbaut geblieben. Die ausgedehnten Erlenbruchwälder mit Sumpf-Schwertlilien und der seltenen Sumpf-Calla auf den grundwassernahen Böden der Niederung verleihen dem Gebiet einen urwaldartigen Charakter. Am Ufer selbst ist meist noch die natürliche Zonierung von der Schwimmblattzone über den Röhrichtgürtel bis hin zum anschließenden Weidenuferwald vorhanden, der für die biologische Selbstreinigungskraft der Wakenitz von größter Bedeutung ist. Zahlreiche Insektenarten, gefährdete Amphibien wie Laub- und Moorfrosch, seltene Wasservögel und sogar der Fischotter finden hier noch ihren idealen Lebensraum. Damit die teilweise sehr scheuen und in ihrem Bestand gefährdeten Tierarten nicht gestört werden, wurden einige Gewässersperrzonen eingerichtet.

Grünländer und Trockenrasen

Die in der Wakenitz-Niederung erhaltenen Grünländer sind durch hoch anstehendes Grundwasser gekennzeichnet. Seggenreiche Nasswiesen mit Breitblättrigem Knabenkraut und Arten wie Sumpfdotterblume und Mädesüß kommen hier vor. Eine extensive Beweidung auf den nährstoffarmen Binnendünen im Norden haben Trockenrasen und Heideflächen entstehen lassen, die eine artenreiche Vegetation und Fauna beherbergen.

Sumpfdotterblume (He)

DER ERLENBRUCH

Durch den jahrhundertelangen Anstau der Wakenitz in Lübeck haben sich in der Niederung hohe Wasserstände eingestellt, die zur Bildung ausgedehnter Erlenbruchwälder beigetragen haben. Der über das ganze Jahr hoch stehende Grundwasserspiegel erfordert von den Pflanzen spezielle Anpassungsmechanismen. Die Schwarz-Erle besitzt Stelzwurzeln, so dass sie an den nassen Lebensraum bestens angepasst ist. Die Wurzeln der Erle bilden Wurzelknöllchen aus, die von Luftstickstoff bindenden Bakterien besiedelt werden. Diese wandeln den Luftstickstoff in eine für den Baum verfügbare Form um und sichern damit die Nährstoffversorgung in dem nassen Lebensraum. Das basenreiche Grundwasser bewirkt eine schnelle Zersetzung der alten Pflanzenreste. Bei Überschwemmungen wird das Wasser zurückgehalten

Erlenbruchwald (He)

und gefiltert, so dass Erlenbrüche zu einer Verbesserung der Wasserqualität und der Verringerung von Hochwässern beitragen können. Der Erlenbruch ist Lebensraum für bedrohte Tier- und Pflanzenarten. Neben Moorfrosch und Ringelnatter können hier auch Sumpfmeise und Waldschnepfe ungestört leben. Besonders auffällige Pflanzenarten sind beispielsweise Sumpf-Schwertlilie, Sumpf-Calla, Bittersüßer Nachtschatten und Wasserprimel.

Sumpf-Calla (Kai)

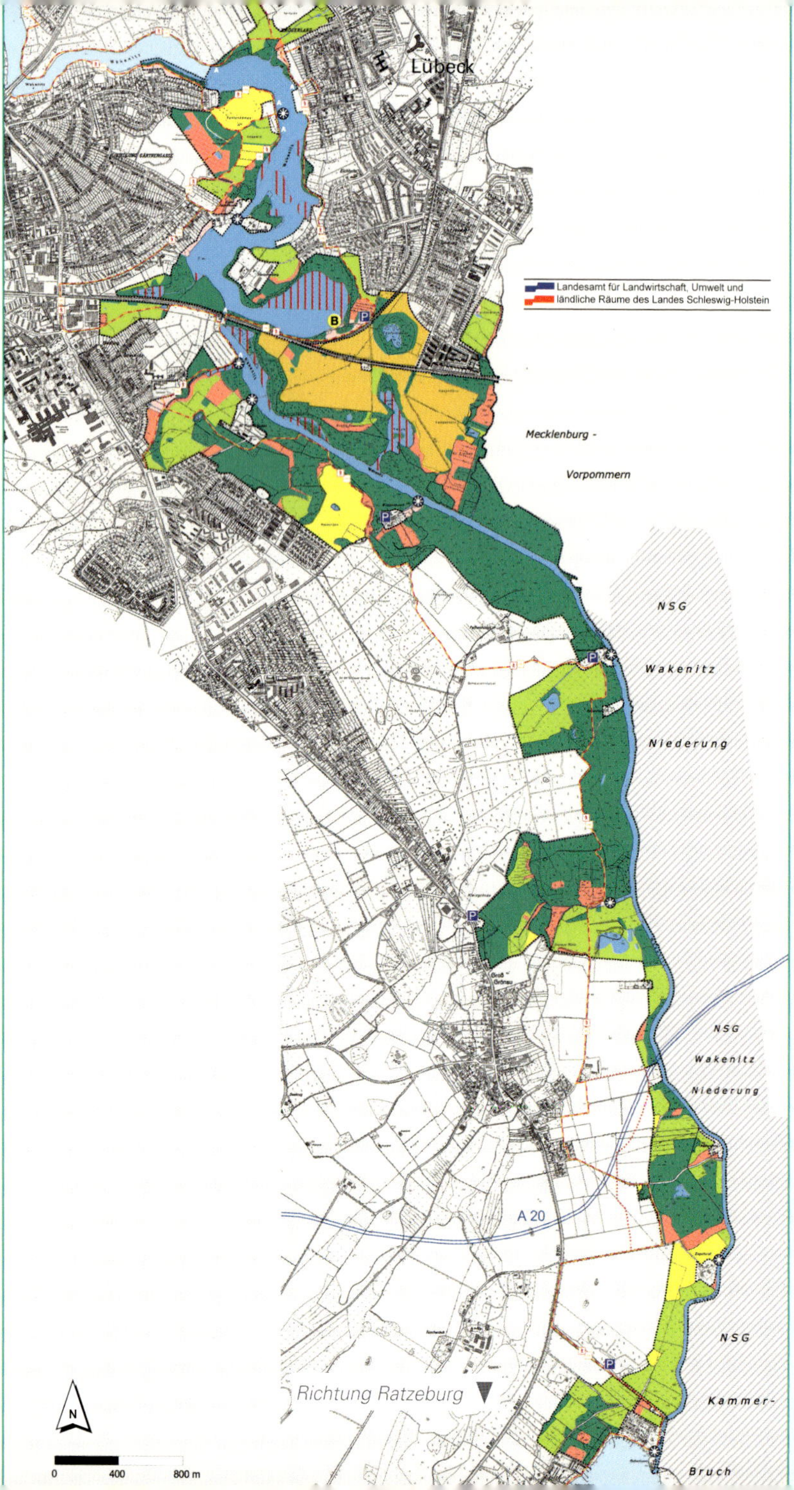

Lübeck
Landesamt für Landwirtschaft, Umwelt und
ländliche Räume des Landes Schleswig-Holstein
Mecklenburg -
Vorpommern
NSG
Wakenitz
Niederung
NSG
Wakenitz
Niederung
NSG
Kammer-
Bruch
A 20
Richtung Ratzeburg
N
0
400
800 m

Grenze des Naturschutzgebietes

Wald/Gehölze

Grünland

Staudenflur/Röhricht/Sukzession

Acker

Trockenrasen/Binnendünen

Gewässer

Grünflächen

Straße

Gewässer-Sperrzone

A Angelstelle

Rad-/Wanderweg

B Badestelle

P Parkplatz

Anlandestelle

Betreut durch:
Kreis Herzogtum Lauenburg
Untere Naturschutzbehörde
Barlachstraße 2
23909 Ratzeburg
Tel. 04541 - 888 - 0
mail: info@kreis-rz.de
www.herzogtum-lauenburg.de

Hansestadt Lübeck
Untere Naturschutzbehörde
Rathaus
23539 Lübeck
Tel. 0451 - 122 - 0
info@luebeck.de
www.luebeck.de

Kontakt vor Ort:
Naturparkverwaltung
Lauenburgische Seen
Farchauer Weg 7
23909 Fredeburg
Tel. 04541 - 861517
mail: info@naturpark-lauenburgische-seen.de
www.naturpark-lauenburgische-seen.de

Naturbelassener Ostseestrand mit Spülsäumen und Salzkrautbeständen (Mo)

NATURSCHUTZGEBIET „WEISSENHÄUSER BRÖK"

Die im Südosten der Hohwachter Bucht gelegene „Weißenhäuser Brök" ist eines der größten Dünengebiete an der schleswig - holsteinischen Ostseeküste. Bereits 1942 wurden 57 ha dieser einzigartigen **Dünenlandschaft** als Naturschutzgebiet ausgewiesen. Es ist Bestandteil des Europäischen ökologischen Netzes „**Natura 2000**" (FFH-Gebiet und Vogelschutzgebiet).

Küsten- und Dünenlandschaft

Das Gebiet „Weißenhäuser Brök" bildet einen natürlichen Abschluss des „Oldenburger Grabens" - eine breite, bis zur Lübecker Bucht reichende Niederungszone. Die durch Gletschervorstöße sowie abfließendes Schmelzwasser überformte Rinne war während der letzten Eiszeit entstanden. Nach Abtauen des Eises vor ca. 13.000 Jahren stieg der Wasserspiegel der Ostsee etappenweise an. Vor 8.000 Jahren wurde die Niederung überflutet. Es bildete sich eine tief ins Land reichende Meeresbucht (Förde). Bei Sturmfluten von Steilküsten abgetragenes Boden- und Geröllmaterial wurde durch küstenparallele Meeresströmungen in der Fördemündung als Nehrungshaken abgelagert (Ausgleichsküste). Die nachfolgende Strandwallbildung riegelte die Förde von der Ostsee ab. Bis auf den südöstlich des Ferienzentrums gelegenen Wesseker See sind die entstandenen Strandseen heute verlandet oder durch Entwässerung trocken gelegt. Die Bildung dauerhafter, sturmflutsicherer Küstendünen setzte erst ein, nachdem die Strandwälle bei Hochwasser oder Sturm nicht mehr überflutet wurden und Meeresströmungen küstennah große Mengen Sand abgelagert hatten. Dieser wurde bei Niedrigwasser unter starker Windeinwirkung auf den Strandwällen zu Dünen aufgeschichtet. Die Schätzungen zum Alter der Dünen gehen weit auseinander und schwanken zwischen 800 und 5.000 Jahren. Die Küstendünenlandschaft „Weißenhäuser Brök" zeichnet sich durch eine vollständige Entwicklungsreihe mit einer charakteristische Abfolge der Pflanzengesellschaften aus. Die Bildung von Küstendünen beginnt auf dem Strand. Hier sammeln besonders salztolerante Pflanzen vom Wind verwehten Sand in ihrem Windschatten und bilden so kleine Bodenwellen, die Vor- oder Primärdüne. Landeinwärts schließen die höher aufragenden, in typischer Weise von Strandhafer besiedelten Weiß- oder Sekundärdünen an. Der Strandhafer kann sich erst auf trockenen und weniger salzhaltigen Standorten durchsetzen. Das Gras ist in der Lage, bei anhaltender Übersandung ein stockwerkartig verzweigtes Wurzelwerk auszubilden und so Dünen von über 10 m Höhe entstehen zu lassen. Im Windschatten der Weißdüne ist die Übersandung geringer oder bleibt völlig aus. Der Strandhafer weicht niedrigwüchsigen, flechten- und moosreichen lückigen Gräserfluren, die zu den Grau- oder Tertiärdünen gezählt werden. Je stärker sich Gräser wie Schafschwingel, Drahtschmiele oder Sil-

Küstendünenlandschaft (Mo)

bergras ausbreiten, desto stärker schließt sich die Pflanzendecke. Der Sand wird nicht mehr laufend umgelagert und im Oberboden reichern sich graue Humusstoffe an. Mit fortschreitender Bodenbildung breiten sich Besenheide und Drahtschmiele aus und leiten zu den Heide- oder Braundünen über. Am Ende der Vegetationsentwicklung steht die Ausbreitung von Gehölzen, zumeist Birke oder Eiche. Die Küstendünen der „Weißenhäuser Brök" haben ihre natürliche Dynamik heute weitgehend verloren. Verantwortlich hierfür sind die fehlenden Sandnachlieferungen, die Ausbreitung konkurrenzkräftiger, nährstoffliebender Gräser sowie anderer Ruderalarten aber auch Küstenschutzmaßnahmen wie der Deichbau.

Pflanzen und Tierwelt

Das NSG zeichnet sich durch unterschiedliche Dünentypen mit Dünentrockenrasen- und Heidevegetation in noch naturnaher Ausprägung aus. Sie bieten einer artenreichen, oft besonders trockenheits- und wärmeliebenden Pflanzen- und Tierwelt mit Vorkommen hochgradig gefährdeter Arten einen selten gewordenen Lebensraum. Durch pflanzenkundliche Untersuchungen wurden seit 1961 über 350 Farn- und Blütenpflanzen, über 30 Moos- und über 25 Flechtenarten nachgewiesen. Neuere Bestandsaufnahmen lassen einen Artenrückgang erkennen. Ausgehend vom Ostseestrand lassen sich landeinwärts charakteristische Wuchsorte von Pflanzen unterscheiden. Am Strand siedeln stickstoffliebende Pflanzenarten wie Meersenf und Salzkraut auf Spülsäumen, die aus abgestorbenen Algen und anderem Schwemmgut bestehen. In den landseitig anschließenden Weißdünen herrscht der in dichten Horsten wachsende Strandhafer vor. Vereinzelt treten hier die Stranddistel und der in Schleswig-Holstein vom Aussterben bedrohte Knorpellattich auf. Beide werden durch die sich stark ausbreitende, nicht heimische Kartoffelrose verdrängt. Ihr Bestand ist dadurch extrem gefährdet. Im Windschatten der Weißdünen schließen auf festgelegten Dünensanden der Graudünen niedrigwüchsige und lückige Schafschwingelfluren an. Diese gehören auch heute noch zu den artenreichsten Pflanzengesellschaften im NSG. Im Sommer heben sie sich durch das leuchtend gelb blühende Labkraut hervor. Hier wachsen sehr seltene und gefährdete Arten, wie Stengellose Kratzdistel, Zittergras, Heide-Nelke und Sand-Strohblume. Bemerkenswert ist die Kleine Wiesenraute, die hier eines der letzten Standorte im Lande hat. Kleinflächig noch offene Dünensande werden von lückigen, flechten- und moosreichen Pionierfluren des Silbergrases besiedelt. Die für Braundünen typischen Küstenheiden sind innerhalb des NSG lediglich im Osten erhalten. Weite Teile der früheren Heidedünen sind infolge Überalterung der Besenheide bereits

Stängellose Kratzdistel und Großer Knorpellattich sind in Schleswig-Holstein vom Aussterben bedroht (Kem)

in Gräserfluren übergegangen, in denen Drahtschmiele oder Sandreitgras vorherrschen. Ein kleiner Feuchtbereich im Westen, erkennbar an Seggenriedern, Schilfröhrichten und Weidengebüschen, markiert den ehemaligen Verlauf der Bröckau. Erste Untersuchungsergebnisse zur Tierwelt belegen die hohe Bedeutung der sonnenexponierten Trockenlebensräume für wirbellose Tierarten wie Käfer, Wildbienen, Grabwespen, Spinnen und Heuschrecken. So sind die Heiden mit ihrem großen Blütenangebot besonders für blütenbesuchende und pflanzenverzehrende Insekten von großer Wichtigkeit. Die flechtenreichen Heiden sind für den Warzenbeißer, eine seltene Heuschrecke, ideal. Viele Wildbienen und Wespen benötigen vegetationsoffene und sonnenexponierte Dünenbereiche, Silbergrasfluren oder Heiden zur Anlage ihrer Erdnester. Auch Reptilien wie die Zauneidechse und die Waldeidechse kommen vor. Außerdem ist das NSG für Feldlerchen von Bedeutung.

Die Zauneidechse ist eine sehr wärmeliebende Reptilienart (Stg)

EU – Life Projekt „Balt Coast“

Im Naturschutzgebiet werden Robustrinder als vierbeinige Landschaftspfleger eingesetzt. Die Beweidung soll die typische Vegetation der Küstendünen erhalten und negativen Veränderungen in der Dünenvegetation, insbesondere der Ausbreitung der Kartoffelrose, entgegenwirken. Der Einsatz der Rinder wird von den Privateigentümern des Gebietes unterstützt und ist Teil des EU-LIFE-Projektes „BaltCoast“. Das von der Stiftung Naturschutz betreute und von der Europäischen Union mitfinanzierte Projekt dient dem Erhalt und der Wiederherstellung bedeutender Küstenlebensräume an der Ostsee. Nähere Informationen hierzu gibt es unter www.life-baltcoast.de.

Naturschutz und Tourismus im Einklang

Nach dem Krieg besann man sich auf die natürlichen Vorzüge der naturnahen Küstenlandschaft, um mit Hilfe des Tourismus die Wirtschaftskraft in der Region zu stärken. Dabei wurden in der Vergangenheit die Belange des ökologisch sehr sensiblen Küstendünengebietes mit Vorkommen seltener Lebensräume und z.T. hochgradig gefährdeter Pflanzen- und Tierarten nicht immer hinreichend berücksichtigt. Ein wesentlicher Konfliktpunkt entstand aus der Errichtung des Ferienzentrums Weißenhäuser Strand (1969-1973), das die Naturschutzgebiete „Weißenhäuser Brök“ und „Wesseker See“ voneinander trennt und zu einer enormen Steigerung der Urlauberzahlen und Erholungsnutzung im Gebiet führte. Der Tourismus hat sich in den letzten Jahrzehnten zu einem wichtigen Wirtschaftszweig entwickelt. Dabei gehören Natur- und Landschaftserleben in einer intakten Natur und Umwelt mit sauberen Stränden und natürlichen, unverbauten Lebensräumen zu den wichtigen Urlaubsmotiven. Daher wird es zukünftig mehr denn je auf eine naturverträgliche und nachhaltige Entwicklung der Erholungsnutzung ankommen. Steigendes Umweltbewusstsein der Erholungssuchenden selbst, d.h. umsichtiges und verantwortungsvolles Verhalten in Natur und Landschaft, muss eine Selbstverständlichkeit sein. Innerhalb des Naturschutzgebietes wurden die ökologisch sensiblen Gebiete mit besonders störungsempfindlichen Lebensräumen, Pflanzen und wildlebenden Tieren von einer Betretung ausgenommen. Daher sind die das Dünengebiet überquerenden Wege, die der Besucherlenkung zwischen dem Ferienzentrum und den Strandbereichen dienen, gegenüber den angrenzenden Dünenbereichen ausgezäunt.

Strandleben am Naturschutzgebiet (Mo)

DÜNEN - HEIDEN – SILBERGRASFLUREN

Küstendünen sind von Sandverwehungen, Trockenheit, Wärme und natürlichen Entwicklungsvorgängen geprägte Lebensräume. Die am weitesten landeinwärts gelegenen Bereiche werden auch als Heide- bzw. Braundünen bezeichnet, auf denen die Besenheide wächst. Als Pionierart unterliegt sie einer allmählichen Überalterung. Für ihre Verjüngung benötigt diese Art of-

Silbergrasflur auf Dünenkuppe (Mo)

Grabwespe (Voi)

fene, sandige Rohböden, auf denen ihre Samen keimen und zu neuen Heidepflanzen heranwachsen können. Ohne Pflege wie z.B. Beweidung oder Mahd sterben die Heidestöcke nach einigen Jahrzehnten ab und weichen dichtwüchsigen Gräserfluren mit der Drahtschmiele, aber auch Flechten und Moosen. Im Windschatten der strandnäheren Graudünen kommen auf noch lockeren Sanden seltene, ebenfalls flechten- und moosreiche Silbergrasfluren vor. In diesen trockenwarmen Lebensräumen lebt eine große Anzahl seltener wirbelloser Tierarten. Heiden sind Nahrungslebensräume für blütenbesuchende und pflanzenverzehrende Insekten sowie deren Räuber von herausragender Bedeutung. Zu den charakteristischen Besiedlern gehören z.B. Spinnen, Grab- und Wegwespen.

Blühende Besenheide von Flechten durchsetzt (Mo)

WILDBIENEN – VON BIENEN UND HUMMELN

Wildbienen gehören zu der in Mitteleuropa mit etwa 11.500 Arten artenreichsten Insektengruppe der „Hautflügler“. Im Unterschied zu den uns allen bekannten Honigbienen werden alle anderen Bienen und auch Hummeln als „Wildbienen“ bezeichnet. Wir unterscheiden in Staaten lebende und allein lebende Wildbienen. Die meisten Arten besiedeln trockenwarme, vielfältig strukturierte und blütenreiche Lebensräume. Denn sowohl die erwachsenen Bienen als auch ihre Nachkommenschaft ernähren sich rein vegetarisch vom Blütenpollen und Blütennektar. Dabei kommt den Bienen eine herausragende ökologische Bedeutung zu, da sie bei ihren Besuchen gleichzeitig die Blüten bestäuben. In den Heideresten der Weißenhäuser Brök ist die bundesweit stark gefährdete Mooshummel häufig beim Blütenbesuch an der Besenheide zu beobachten. Auch heidetypische Seidenbienen finden hier die zur Anlage ihrer Erdnester benötigten offenen Bodenbereiche. Zu den charakteristischen Arten störungsarmer Küsten und Dünengebiete gehört eine stark gefährdete Mauerbienenart. Sie nistet in leeren Schneckenhäusern in der Nähe blütenreicher Lebensräume.

Mooshummel (Voi)

Mauerbiene (Voi)

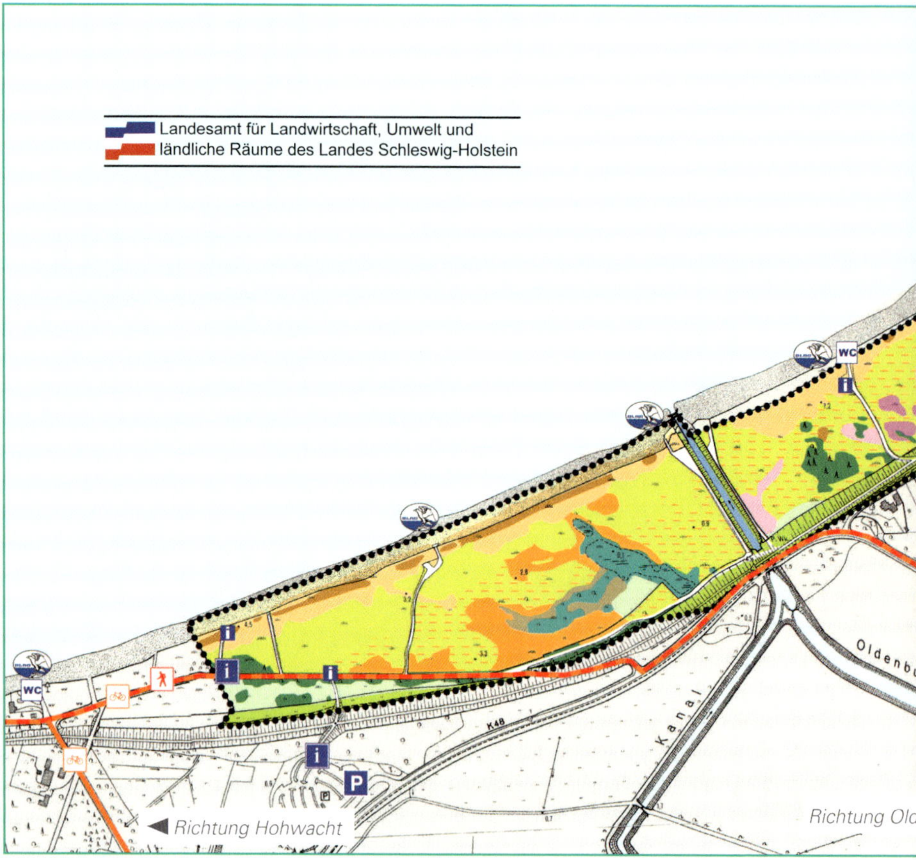

Strand

Weissdüne

Weissdüne mit Kartoffelrose

Graudüne (Dünentrockenrasen)

Graudüne, vergrast

Braundüne (Dünenheide)

Braundüne, vergrast

ruderalisierte Küstendüne

Gewässer

Röhricht/Seggenried

Feuchtgebüsch

Dünengehölz

Magergrünland

Landesschutzdeich

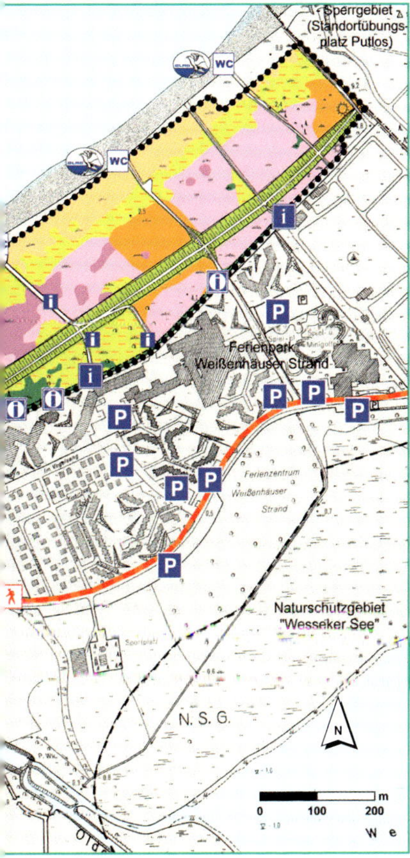

Betreut durch:
Arbeitsgemeinschaft
Geobotanik
in Schleswig-Holstein und Hamburg e. V.
Ökologie-Zentrum der Uni Kiel
Olshausenstraße 75
24118 Kiel
Tel. 0431-8804030
mail sekretariat@ecology.uni-kiel.de

Kontakt vor Ort:
Kreis Ostholstein
Untere Naturschutzbehörde
Lübecker Straße 41
23701 Eutin
Tel. 04521-788-0
mail: info@kreis-ostholstein.de
www.ostholstein.de

NATURSCHUTZGEBIET „WESTUFER DES EINFELDER SEES"

Bereits 1955 wurde das Kernstück des heutigen Naturschutzgebietes „Westufer des Einfelder Sees" mit nur 2,41 ha als „Vogelschutzgebiet am Einfelder See" unter Schutz gestellt. Vorrangiges Schutzziel war es, ein ungestörtes **Reservat für die Vogelwelt** zu schaffen. Im Laufe der Jahre verlandete der See immer mehr und das Naturschutzgebiet stimmte topographisch nicht mehr mit seinen eingetragenen Grenzen überein. Aus diesem Grund wurde das Naturschutzgebiet 1987 auf rund 13 ha erweitert und erhielt seinen heutigen Namen. Mit der Unterschutzstellung kann das Gebiet als **Lebensraum einer besonders artenreichen Pflanzen- und Tierwelt** erhalten werden.

Von der Eiszeit geschaffen

Der Einfelder See ist im Laufe der letzten Eiszeit entstanden. Mit dem Geschiebe der Endmoräne eines Gletschers wurden hier toniger Sand, Lehm und Mergel abgelagert. Der Gletscher hatte zwei Abflüsse. Während sich der eine zum heutigen Bordesholmer See in Richtung Eider ausbildete, verlief der südliche in Richtung Dosenmoor und Einfelder See. Das Toteis wurde übersandet und führte später zur Ausbildung eines Sandrückens zwischen Dosenmoor und Einfelder See. Beide Bereiche erfuhren aufgrund dieser natürlichen Trennung eine unterschiedliche Entwicklung. Der flachere See verlandete und wurde zum Dosenmoor, während der Einfelder See bis heute bestehen geblieben ist.

Wasserfeder (LLUR)

Vielfältige Pflanzenwelt

Das Naturschutzgebiet gliedert sich in Baum- und Buschzone sowie den Ufer- und Schilfbereich. An den am Westrand gelegenen Erlenbruchwald schließt sich nach Osten ein zum Teil undurchdringliches Weidendickicht an. Im Bruchwald befinden sich viele mit Wasser gefüllte Mergelkuhlen, die im

Gelbe Teichrose (LLUR)

Ringelnatter verschlingt einen Frosch (Nil)

Sommer größtenteils austrocknen. An ihrem Rand wachsen Sumpfdotterblumen, Sumpf-Schwertlilien und die sehr seltene Wasserfeder. Diese jahreszeitlich bedingten Feuchtbiotope sind wichtige Kleinlebensräume für Amphibien, Insekten und Ringelnattern. Die offene Verlandungszone vor dem Schilfgürtel ist je nach Wasserstand Lebensraum niedrig wüchsiger Pflanzen wie beispielsweise Sumpfblutauge, Wasserminze, Blut- und Gilbweiderich, Nickender Zweizahn und Sumpf-Vergissmeinicht. Hinter dieser Zone erstreckt sich in Richtung See ein Großseggen-Ried, an das sich ein artenarmer Röhrichtgürtel mit Schilf und Breitblättrigem Rohrkolben anschließt. Häufig rankt der Bittersüße Nachtschatten an den Schilfhalmen empor. Im nördlichen Teil befindet sich in der „Seerosenbucht" eine ausgedehnte Schwimmblattgesellschaft aus Weißer Seerose, Gelber Teichrose und Wasserknöterich.

Brut- und Rastgebiet

In der Baum- und Buschzone des Naturschutzgebietes leben etwa 25 Brutvogelarten, wie beispielsweise Rotkehlchen, Sperber, Zaunkönig, Mönchsgrasmücke, Fitis- und Weidenlaubsänger. Der häufigste Brutvogel im Schilf- und Wasserbereich ist die Blessralle mit durchschnittlich 20 Paaren. Auch Haubentaucher, Teichrohrsänger, Rohrammer, Höckerschwan, Stockente

Haubentaucher (Be)

Teichrohrsänger (Hec)

und Graugans sind stets vertreten. Als Gäste suchen Kormorane und Graureiher das Gebiet auf. Gelegentlich sind auch Seeadler und Habicht zu sehen. Nach der Brutzeit fallen besonders an stillen Tagen Schwärme von Staren zum Schlafen ins Schilf ein. Im Winter suchen zudem Reiher-, Schell- und Tafelenten, selten auch der Eisvogel das Naturschutzgebiet auf.

Schutz- und Pflegemaßnahmen

Um die zahlreichen Pflanzen- und Tierarten zu schützen, die hier am Einfelder See ihren natürlichen Lebensraum haben, besteht für das Naturschutzgebiet „Westufer des Einfelder Sees" ein ganzjähriges Betretungsverbot. Vom Wanderweg aus gibt es jedoch die Möglichkeit, einen Blick in das Gebiet zu werfen. Die Vogelwelt lässt sich mit dem Fernglas gut vom Ostufer des Sees beobachten. Pflegemaßnahmen sind in diesem Naturschutzgebiet kaum erforderlich. Alle paar Jahre werden die Absperrungen (Wälle) des ehemaligen Wanderweges durch das Gebiet von der Unteren Naturschutzbehörde erneuert oder ausgebessert.

Landesamt fü
ländliche Räu
N.S.G.
Westufer
des
Einfelder
Sees
Vogel-
schutzgebiet
26,8
Margarethen-
schanze
K
Richtung Neumünster
0

ung Bordesholm

aft, Umwelt und
es Schleswig-Holstein

Grenze

erweg

rdenkmal

mation

isser

one

/ Gehölz

Betreut durch:
NABU Schleswig-Holstein
Färberstraße 51
24534 Neumünster
Tel. 04321-53734
mail: info@nabu-sh.de
www.nabu-sh.de

NABU Schleswig-Holstein

Kontakt vor Ort:
Stadt Neumünster
Untere Naturschutzbehörde
Großflecken 59
24534 Neumünster
Tel. 04321-942-0
mail: stadt@neumuenster.de
www.neumuenster.de

Wildes Moor und Treeneniederung (NABU)

NATURSCHUTZGEBIET „WILDES MOOR BEI SCHWABSTEDT"

Die Moore Schleswig-Holsteins sind erst nach der letzten Eiszeit, also innerhalb der vergangenen 10.000 Jahre, entstanden. Sie befinden sich überwiegend in den Niederungen und an den Rändern der Geest. Das „Wilde Moor bei Schwabstedt" ist ein **atlantisches Hochmoor** und liegt in der „Flußlandschaft Eider-Treene-Sorge", der moorreichsten Region Schleswig-Holsteins. 1992 wurden 631 ha des Moores unter Naturschutz gestellt, um diesen selten gewordenen Landschaftstyp mit seinen angepassten Pflanzen- und Tierarten zu erhalten. Mit der Ausweisung als FFH-Gebiet (Fauna-Flora-Habitat-Gebiet) gehört das Wilde Moor zudem zum europäischen Biotopverbund **„Natura 2000"**.

Die Kultivierung des Wilden Moores

Heimatforscher gehen davon aus, dass bereits im 12. Jh. geringe Teile des Moores besiedelt wurden. Im östlichen Teil wurde auf Hauswarften das Dorf Wynderingmoor gegründet. Nach der schweren Sturmflut von 1362, die auch große Landstriche im Bereich der Eider und Treene überschwemmte, wurde das Dorf vermutlich wieder aufgegeben. Wie die Menschen das Moor zu dieser Zeit nutzten ist unklar. Erst als Torf im Laufe des 17. Jh. als Brennmaterial an Bedeutung gewann, rückte das Moor wieder ins Interesse der Menschen. Die Torfnutzung beschränkte sich jedoch nur auf wenige Flächen. 1913 begann mit Gründung der Moorkulturgenossenschaft Winnert eine großflächige landwirtschaftliche Nutzung. Es wurden Erschließungswege gebaut, Vorfluter angelegt und Drainagerohre verlegt. Die Kultivierung des Moores nahm ihren Lauf. Nach dem 2. Weltkrieg befanden sich 75 % der Gesamtmoorfläche in landwirtschaftlicher Nutzung. Seit Ende der 60er Jahre ist die landwirtschaftliche Bewirtschaftung aufgrund von Bodensackungen und hohem Unterhaltungsaufwand des Entwässerungssystems rückläufig und heute größtenteils wieder aufgegeben worden. 1980 begannen die Bemühungen, die Situation des Wilden Moores und seiner umliegenden Ländereien im Sinne des Naturschutzes und der Landschaftspflege durch Renaturierungsmaßnahmen zu verbessern.

Uhrglasförmige Urtümlichkeit

Trotz vorübergehender intensiver Nutzung konnte das Wilde Moor viele kleinräumige Urtümlichkeiten bewahren. Dazu zählt nicht nur die für Hochmoore typische uhrglasförmige Oberflächenaufwölbung. Viel bedeutender sind die in den Handtorfstichen verbliebenen Reste der Bult-Schlenken-Vegetation, die sich aus typischen Hochmoorpflanzen zusammensetzt. Bulte sind kleine Erhebungen, Schlenken die dazwischen liegenden Mulden. Besonders hervorzuheben sind die stark gefährdeten Glockenheide-Bulten-Gesellschaften mit Torfmoosen, Rundblättrigem Sonnentau, Kleiner Moosbeere, Wollgras, Glocken-, Besen- und Rosmarinheide. Der Gagelstrauch ist überwiegend auf entwässerten Bereichen vorhanden und hat sich zur Zeit örtlich kräftig ausgebreitet.

Sonnentau in einem Torfmoospolster (Mo)

Vernässte Moorfläche (Ra)

Mosaikjungfer (Schlie)

Sumpfohreule (Nil)

Paradies für Vögel

Das Wilde Moor bietet mit seiner feuchten, offenen, fast baum- und strauchlosen Landschaft eine wesentliche Voraussetzung für die Besiedelung durch langschnäbelige Watvögel wie Bekassine, Waldschnepfe und Brachvogel. Auch heimlich lebende Sumpfbewohner wie Wachtelkönig, Tüpfelsumpfhuhn und Rohrdommel leben hier. In dem weichen Boden stochern sie mit ihren langen Schnäbeln nach Nahrung. Darüber hinaus sind Grünland und Röhrichte des Wilden Moores Nahrungs- und Brutgebiet für Wiesenweihe, Braunkehlchen, Feldschwirl, Rohrsänger, Sprosser und Sumpfohreule.

Renaturierungsmaßnahmen

Das Wilde Moor ist im Eigentum der Stiftung Naturschutz Schleswig-Holstein und weniger Privatpersonen. Diese Eigentumsverhältnisse ermöglichen es, das Ziel der Hochmoorrenaturierung mit geeigneten Maßnahmen stetig voranzubringen. Dazu zählen hauptsächlich Wiedervernässungen, extensive Nutzungen und regelmäßige Aufzeichnungen über die Fortentwicklung von Flora und Fauna (Monitoring). Die Installierung eines Moorlehrpfades auf einem Holzbohlenweg ermöglicht dem Besucher einen Einblick in die sensible Pflanzenwelt des Moores.

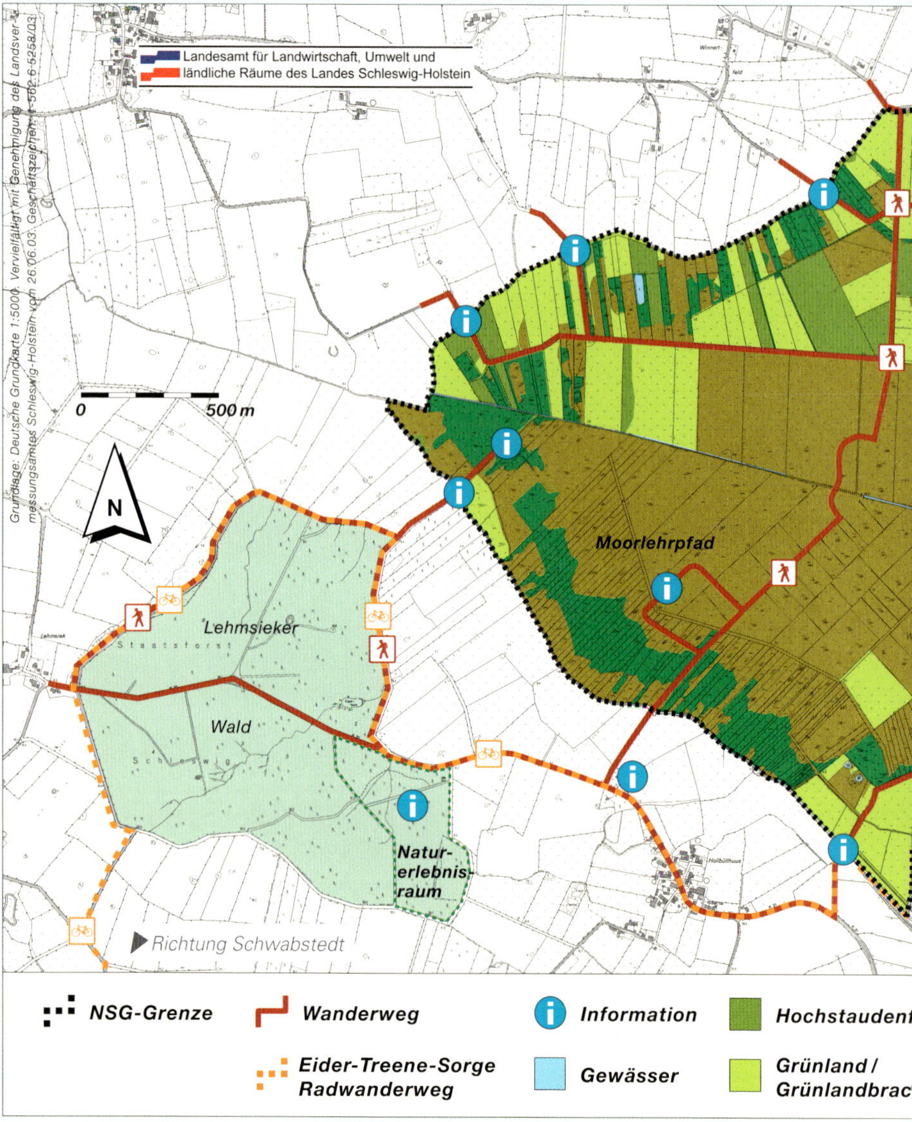

Landesamt für Landwirtschaft, Umwelt und
ländliche Räume des Landes Schleswig-Holstein
Grundlage: Deutsche Grundkarte 1:5000. Vervielfältigt mit Genehmigung des Landesver-
messungsamtes Schleswig-Holstein vom 26.06.03. Geschäftszeichen: 1-562.6-5258/03
0
500 m
N
Lehmsieker
Staatsforst
Wald
Schleswig
Natur-
erlebnis-
raum
Moorlehrpfad
Richtung Schwabstedt
NSG-Grenze
Wanderweg
Information
Hochstauden
Eider-Treene-Sorge
Radwanderweg
Gewässer
Grünland /
Grünlandbrac

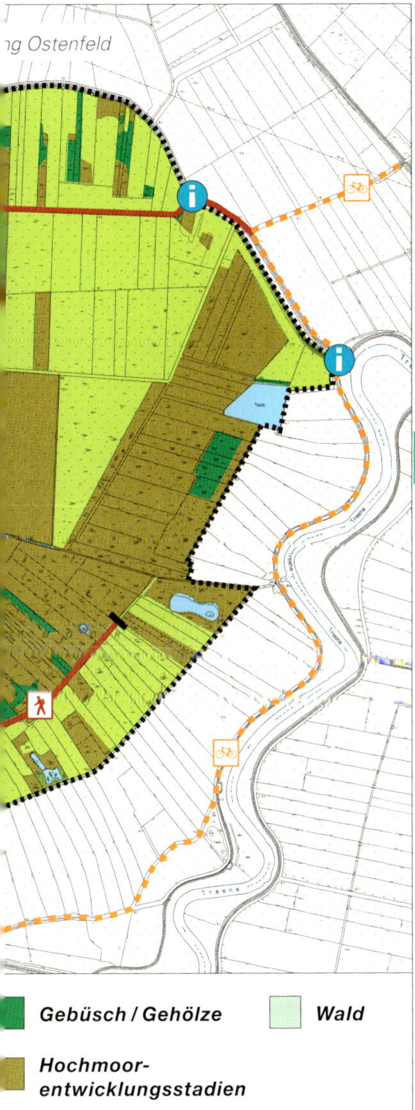

Betreut durch:
Verein für Naturschutz und
Landschaftspflege
Mittleres Nordfriesland
z. Hd. Herrn Uwe Koch
Schobüller Straße 61
25813 Husum
Tel. 04841-663640

Flußlandschaft
Eider Treene Sorge

Kontakt vor Ort:
Integrierte Station Eider-Treene-Sorge
und Westküste
Goostroot 1
24861 Bergenhusen
Tel. 04885-902064
mail: naturschutzstation.ets@t-online.de
www.ets-region.de

Kreis Nordfriesland
Untere Naturschutzbehörde
Marktstraße 6
25813 Husum
Tel. 04841-67-0
mail: info@nordfriesland.de
www.nordfriesland.de

Herbststimmung am Wöhrdener Loch (Ste)

NATURSCHUTZGEBIET „WÖHRDENER LOCH/SPEICHERKOOG DITHMARSCHEN"

Das 490 ha große „Wöhrdener Loch" ist das nördliche zweier Naturschutzgebiete, die 1985 als **Ausgleichsmaßnahme für die Eindeichung des Speicherkooges Dithmarschen** ausgewiesen wurden. Die stark verkürzte Deichlinie des Kooges verbessert den Sturmflutschutz, die Wasserspeicher verhindern einen Rückstau des Wasserzuflusses aus dem Landesinnern. Im Gegensatz zum südlichen „Kronenloch"(siehe Band 1, Seite 194) ist das „Wöhrdener Loch" vom Salzwasserstrom abgekoppelt. Entwicklungsziel war es hier, ein **Süßwasserbiotop** entstehen zu lassen. Im Zuge der fortschreitenden Aussüßung befindet sich das Gebiet auch heute noch in einer lebhaften Entwicklung. Mit seinem Mosaik aus vielfältigen Lebensräumen und der Nähe zum Watt ist das Wöhrdener Loch besonders **für die Vogelwelt von großer Bedeutung**. Es ist Bestandteil des Europäischen ökologischen Netzes **„Natura 2000"** (Vogelschutzgebiet und Benennung als FFH-Gebiet).

Konik-Pferde als Landschaftspfleger

Nach der Eindeichung breiteten sich auf den freien Wattflächen schnell Salzwiesen aus, die mit fortschreitender Abnahme des Salzgehaltes nach und nach den Süßwiesengesellschaften Platz machten. Die Beweidung mit Schafen sollte die allzu schnelle Sukzession bremsen. Trotzdem setzen sich in jüngerer Zeit mehr und mehr Röhrichte und Weidengebüsche durch. Um die Brutflächen für die Wiesenbrüter offen zu halten, werden nunmehr Konik-Pferde und Galloways als „Landschaftspfleger" eingesetzt. Diese robusten Tiere können das ganze Jahr auf den Flächen verbringen und sollen langfristig helfen, eine großflächige Verbuschung des Gebietes zu verhindern.

Konik-Pferde (Ste)

Pfeifenten-Trupp (Ste)

Vogelwelt

Mit dem fortschreitenden Wandel der Vegetation veränderte sich auch das Artenspektrum der Brut- und Rastvögel. Während in den ersten Jahren noch die Küstenvögel wie Möwen und Seeschwalben überwogen, finden wir heute Wiesenbrüter wie Feldlerche, Rotschenkel oder Uferschnepfe und die Bewohner der Röhrichte und Weidengebüsche. So gehören heute auch Bartmeise, Rohrweihe und das Blaukehlchen zu den regelmäßigen Brutvögeln. Vom Herbst bis ins Frühjahr rasten im Gebiet Tausende von Zugvögeln und Wintergästen. Neben den Nonnengänsen und Pfeif-

Brandenten (Ste)

Kampfläufer (Ste)

enten prägen besonders die Flugmanöver der riesigen Goldregenpfeifer-Schwärme die herbstliche Aufbruchstimmung im Gebiet. An den Wasserflächen lassen sich nahezu alle europäischen Entenarten beobachten. Unter den zahlreichen Watvögeln sind der Kampfläufer, der Große Brachvogel oder die Pfuhlschnepfe die auffälligsten Arten. Dazu gesellen sich auch einige seltene Gäste wie der Sichelstrandläufer oder der Mornellenregenpfeifer, die hier auf ihrem Weg zwischen den Brutgebieten in der nordischen Tundra und ihren afrikanischen Überwinterungsgebieten einen Zwischenstopp einlegen.

Blaukehlchen (Nil)

Uferschnepfe (Ste)

Uferschwalbenkolonie (Mo)

UFERSCHWALBEN

Seltener Gast an der Nordsee

Eigentlich sind die Uferschwalben vor allem an den Steilufern der Ostseeküste zu Hause und brüten nicht an der Nordsee. Im Speicherkoog Dithmarschen haben die Uferschwalben aber schnell die Steilwände und Uferabbrüche an ehemaligen Prielen als günstige Brutplätze erkannt. Bereits 1982 siedelten sich die ersten Brutpaare an. Heute gibt es im gesamten Speicherkoog über 400 besetzte Brutröhren. Uferschwalben sind wahre Tiefbau-Meister. Die Männchen übernehmen die körperliche Arbeit und graben mit den Füßen eine Brutröhre von etwa Armlänge in frisch abgebrochene Erdwände. In sandigem Grund können sie stolze 20 cm pro Stunde schaffen, in lehmigen Böden oft weniger als halb so viel. In das erweiterte Ende der Röhre baut das Weibchen ihr Nest, in das sie 4 bis 6 Eier legt. Mit dem Schlupf der Jungen fängt für die Eltern die Arbeit aber erst richtig an. Mehr als 10.000 Fliegen und Mücken müssen sie heranschaffen, bis die Jungen so kräftig sind, dass sie nach zwei Wochen das Nest verlassen können. Im Wöhrdener Loch scheint ihnen dies gut zu gelingen, denn hier werden oft sogar zwei Bruten im Jahr aufgezogen.

Fütternde Uferschwalben (Ste)

Uferschwalben (Ste)

SALZGRÜNLAND

Wo die Wattflächen der Nordseeküste nicht mehr von jedem Hochwasser erreicht werden und regelmäßig trockenfallen, siedeln sich landeinwärts Salzwiesen an. Obwohl das Wöhrdener Loch durch den Deichschluss vom Salzwasserzustrom abgekoppelt ist, haben sich Salzwiesen verschiedener Ausprägung besonders im Bereich des Seedeiches halten können. Diese werden durch so genanntes Qualmwasser gespeist, das von der offenen Nordsee durch den Deich sickert. Die durchtretende Wassermenge und der Salzgehalt sind offenbar so groß, dass hier Queller und Andelgras wachsen, Salzwiesen-Arten, die ansonsten nur unter direktem Meerwassereinstrom vorkommen. Auch die Beweidung mit den Koniks, Schafen und Galloways trägt wesentlich zum Erhalt der Salzwiesen-Arten und anderer teils seltener Spezialisten bei. Eingezäunte Dauerbeobachtungsflächen lassen die Auswirkungen der Beweidung auf die Zusammensetzung des Pflanzenbestandes deutlich erkennen. Unterbleibt das Kurzhalten der Pflanzendecke, setzen sich rasch wuchskräftige Süßgräser durch und bilden eine dichte und hohe Pflanzendecke, aus der die Salzwiesen-Arten schnell verdrängt werden.

Übergang von der Salzwiese zum offenen Wasser (Ste)

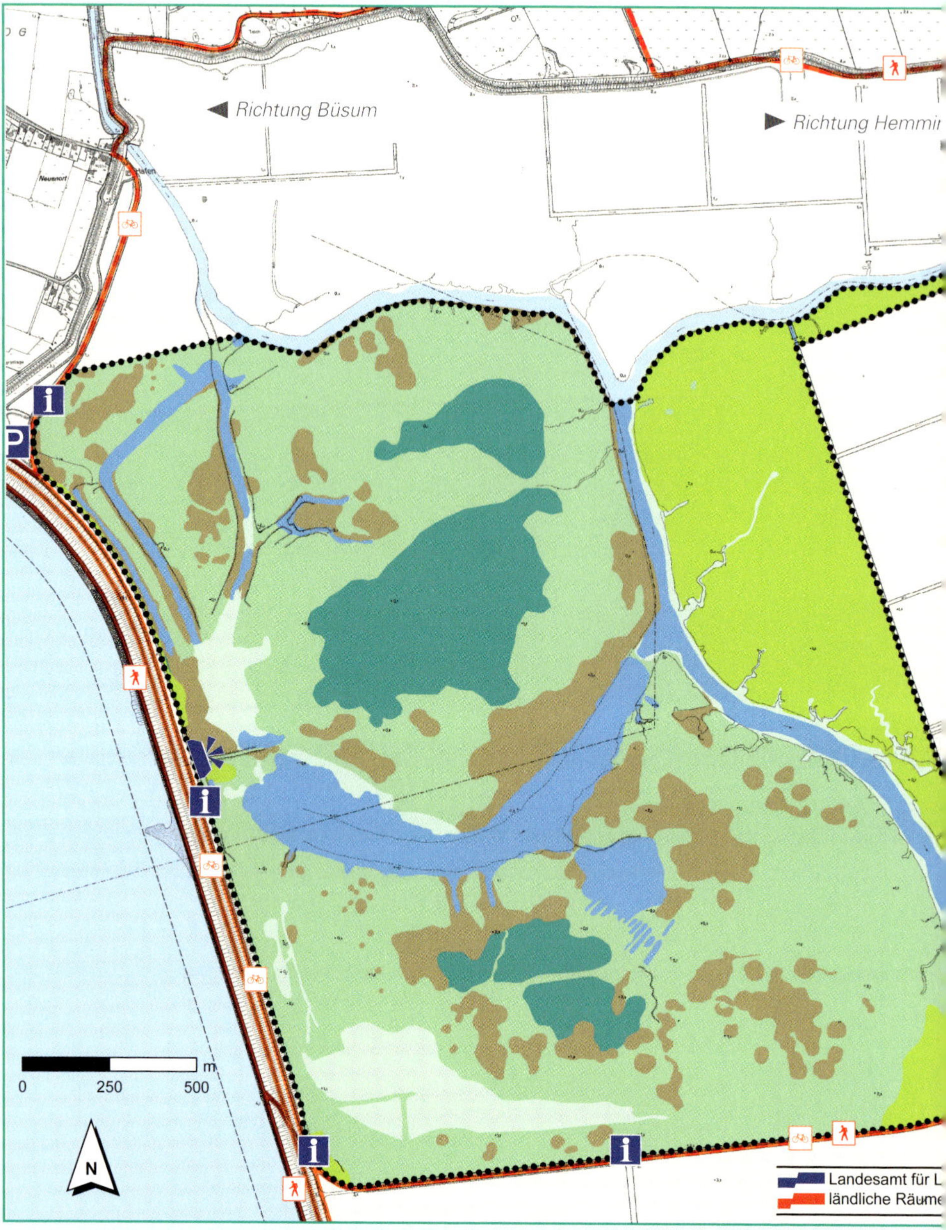

Wasserflächen

Röhricht

Salzwiese

salzbeeinflußtes Grünland

sonstiges Grünland

Weidengebüsche

Park

Beob
verst

Informationstafel

Betreut durch:
NABU Schleswig-Holstein
Färberstraße 51
24534 Neumünster
Tel. 04321-53734
mail: info@nabu-sh.de
www.nabu-sh.de

Kontakt vor Ort;
Kreis Dithmarschen
Untere Naturschutzbehörde
Stettiner Straße 30
25746 Heide
Tel. 0481-97-0
mail: info@dithmarschen.de
www.dithmarschen.de

GLOSSAR

Allmende – *Teil der Gemeindeflur, welcher der Gemeinschaft gehört und gemeinschaftlich genutzt wird, i.d.R. Weide, Wald und Ödlandt*

Altmoräne – *Moräne aus den Eiszeiten vor der letzten (Weichsel-) Eiszeit; zu finden in der hohen Geest im Westen Schleswig-Holsteins; Alter ca. 1000.000 bis 200.000 Jahre*

Amphibien – *im Wasser und auf dem Land lebende Lurche; Klasse der Wirbeltiere mit 3 Ordnungen: Schwanzlurche, Blindwühlen und Froschlurche*

Ästuar – *durch Gezeiteneinwirkung trichterförmig erweiterte Flussmündung; der schwankende Salzgehalt und die starken Strömungen prägen die Lebensgemeinschaften dieser Brackwasserregion*

Auwald – *artenreicher, durch angeschwemmte Nährstoffe fruchtbarer, feuchter Wald in den Talniederungen größerer Flüsse*

Binnendüne – *durch Wind angehäufte Sandhügel oder –wälle im Binnenland, die fast vollständig aus reinem Quarzsand bestehen*

Biodiversität – *siehe Bd. 1*

Blänke – *(s. Kolk)*

Bodden – *seichte, unregelmäßig geformte Bucht mit enger Öffnung zum Meer; durch Eindringen des Meeres in junge Grundmoränenlandschaft entstanden*

Brackwasser – *schwach salziges, ungenießbares Wasser, das sich in Randgebieten der Meere, im Mündungsgebiet von Flüssen und in Strandseen, die zeitweise mit dem Meer in Verbindung stehen, als Mischung aus Salz- und Süßwasser bildet*

Bruchwald – *siehe Bd. 1*

Bult – *siehe Bd. 1*

Düne – *durch Windeinfluss gebildete Sandanhäufungen, die sowohl an Meeresküsten (Küstendünen) als auch im Binnenland (Binnendünen) vorkommen*

Entkusselung – *siehe Bd. 1*

extensive Beweidung – *siehe Bd. 1*

FFH-Gebiet – *siehe Bd. 1*

Flusswatt – *bei Ebbe trockenfallende Schlick- und Schlammbereiche an tidebeeinflußten Flussufern*

Förde – *tief in das Festland eingreifende langgestreckte Meeresbucht; aus Schmelzwasserrinnen entstanden*

Geest – *höher gelegene, wenig fruchtbare, stark entkalkte Altmoränengebiete, die sich an die Marschen der Nordseeküste anschließen*

Gletscher – *Eisströme oder –felder, deren Nährgebiet in Firnfeldern oder –mulden der Hochgebirge und Polarländer oberhalb der Schneegrenze liegt, wo jährlich mehr Niederschlag in fester Form fällt als abschmilzt*

Haff – *siehe Lagune, Bd. 1*

Hangsickerquellen – *in Hangbereichen natürliche, dauerhafte oder periodische, punktuelle oder flächenhafte Grundwasseraustritte an der Erdoberfläche*

Hochmoor – *siehe Bd. 1*

Kame – *siehe Bd. 1*

Kliff – *durch Meeresabrasion entstandene Steilufer der Nord- und vor allem der Ostsee*

Knick – *Hecke auf einem Erwall von etwa 1 m Höhe als Umgrenzung von Weiden und Feldern und als Windschutz; auch Wallhecken genannt*

Kolk – *in einem Hochmoor liegende, natürliche Wasseransammlung, die sich durch ihre Vegetation von anderen Strukturen des Hochmoores unterscheidet und auf einer mehr oder weniger mächtigen Torfschicht entstanden ist; auch für sonstige rundlich-eingesenkte Wasserlöcher gebräuchlich*

Lagune – *siehe Bd. 1*

Mäander – *natürliche Windungen oder Schleifen von Fluss- oder Bachäufen*

Mauser – *Feder- bzw. Gefiederwechsel; periodischer Austausch von Federn bei Vögeln*

Miozän – *von Ch. Lyell 1832 unter dem Gesichtspunkt begr. jüngere Epoche des Tertiärs, dass in ihr bereits 17% der heute lebenden Mollusken-Arten vorhanden waren. Das M. war von entscheidender Bedeutung für die Ausprägung der heutigen Topographie u. Lebewelt*

Mönch – *künstliche meist als Holzbauwerk errichtete Stau- und Ablasseinrichtung an Fischteichen*

Monitoring – *langfristige, regelmäßig wiederholte und zielgerichtete Erhebungen im Sinne einer Dauerbobachtung; floristisches und/oder faunistisches Monitoring dient der Erfassung und Bewertung von Zustand und Veränderungen in der Natur und zur Erfolgskontrolle von Pflegemaßnahmen*

Moräne – *siehe Bd. 1*

Natura 2000 – *siehe Bd. 1*

Nehrung – *siehe Bd. 1*

Niedermoor – *siehe Bd. 1*

Niederwald *siehe Bd. 1*

Noor – *siehe Lagune Bd. 1*

Os – *auch Oser genannt; aus Sand oder Schotter gebildeter, langgestreckter, dammähnlicher Höhenrücken, i .d. R. innerhalb von unter dem Gletscher gebildeten Schmelzwasserrinnen*

Pionierstandort – *Bereich, in dem Pflanzenarten (Pionierpflanzen) und Tierarten als erste Organismen auf Rohboden eines neu entstandenen Gebietes vordringen, die im Verlauf der Sukzession durch konkurrenzüberlegene Arten verdrängt werden*

Renaturierung – *Maßnahmen, um menschlich veränderte Lebensräume in einen naturnäheren Zustand zu bringen*

Reptilien – *Kriechtiere; Klasse der Wirbeltiere mit über 6000 Arten in 4 Ordnungen: Schildkröten, Schnabelköpfe, Krokodile sowie die Schuppenkriechtiere mit den Echsen und Schlangen*

Röhricht – *von Röhrichtpflanzen (Schilfrohr, Rohrkolben u. a.) geprägte flächen- oder linienhafte Vegetationsbestände auf feuchten oder nassen Böden sowie im Brackwasserbereich*

Rote Liste – *siehe Bd. 1*

Salinität – *Salzgehalt von Gewässern oder Böden*

Salzwiese – *aus verschiedenen Salzpflanzen gebildete, meist großflächige Pflanzengesellschaften, vor allem im Verlandungsgebiet flacher Meeresküsten oberhalb der mittleren Hochwassergrenze, landeinwärts auf die Quellerwiesen folgend*

Sander – *siehe Bd. 1*

Schlenken – *siehe Bd. 1*

Schwimmblattzone – *Zone mit Wasserpflanzen, bei denen die Blätter oder ein Teil der Blätter flach auf dem Wasserspiegel schwimmen, so dass die betreffende Blattoberseite der Luft, die Unterseite dagegen dem Wasser zugewandt ist; die Blüten ragen in den meisten Fällen über den Wasserspiegel hinaus (z. B. bei Teich- und Seerosen)*

Steilküste – *oberhalb des Meeresstrandes oder der Uferlinie dem Wellenangriff ausgesetzte, steil ansteigende natürliche Geländestufe*

Strandseen – *mit dem Meer natürlich verbundene oder vom Meer zumeist durch Strände, Strandwälle oder Dünen abgeschnittene Küstengewässer*

Strandwall – *siehe Bd. 1*

Sukzession – *siehe Bd. 1*

Tertiär – *ältere Periode der Erdneuzeit, gegliedert in Alttertiär (Paläogen) u. Jungtetiär (Neogen)*

Tide – *Wechsel von Ebbe (Niedrigwasser) und Flut (Hochwasser) an den Meeresküsten; auch als Gezeiten bekannt*

Torfstich – *siehe Bd. 1*

Toteisloch – *siehe Bd. 1*

Treidelpfad – *siehe Bd. 1*

Tundra – *artenarmer Vegetationstyp jenseits der polaren Baumgrenze; bei einer Vegetationsperiode von nur 2 bis 3 Monaten und nur kurzzeitig oberflächlich auftauenden Böden ist hier kein Baumwuchs möglich*

Übergangsmoor – *Übergangsstadium zwischen Nieder- und Hochmoor mit einer Mischvegetation aus Flach- und Hochmoorarten; treten nur kurzzeitig auf, da sie den Übergang zum Hochmoor einleiten*

Verlandung – *fortschreitende Auffüllung des Beckens eines nährstoffreichen (eutrophen) stehenden Gewässers durch die Sedimentation von eingeschwemmter anorganischer und organischer Substanz, verbunden mit einem zur Gewässermitte hin fortschreitenden Vordringen der Vegetation des Uferbereiches unter Ausbildung einer Verlandungszone; führt zur Bildung eines Moores*

Vogelschutzgebiet – *siehe Bd. 1*

Wallberg – *(s. Os)*

Warft – *aufgeschütteter Erdhügel als Siedlungsplatz zum Schutz von Sturmfluten; auch Wurt genannt*

Watvogel – *Sammelbezeichnung für mehrere Familien der Wat- und Möwenvögel, die sich in Feuchtgebieten aufhalten und meist durch hohe Beine und langen Schnabel gekennzeichnet sind; auch Limikolen genannt*

Weichtiere – *arten- u. formenreicher Tierstamm, dessen Angehörige (am bekanntesten sind Kopffüßler, Schnecken und Muscheln) stets unsegmentiert sind; auch Mollusken genannt*

QUELLENANGABEN

Die Inhalte dieses Buches (Texte, Karten, Bilder, Grafiken) entstammen den einzelnen Projekten des Besucherinformationssystems für die Naturschutzgebiete in Schleswig-Holstein. An diesen Projekten haben mitgewirkt (Gebiete in Klammern):

• Beauftragte Büros

Julie Bewersdorff, Erna-Zöller-Straße 26, 24584 Bordesholm und Design-Büro Marion Jahnke, Kirchhofallee 37, 24114 Kiel (1, 2, 3, 5, 9, 10, 11, 13, 20, 25, 26, 33, 34)

Büro für Ökologie und Planung, Susanne Henke, Burgstraße 22/23, 37073 Göttingen (8, 12, 16, 19, 23, 27, 28, 30, 31)

NationalparkService gGmbH, Schlossgarten 1, 25832 Tönning (4, 15)

Planungsbüro Mordhorst-Bretschneider, Kolberger Straße 25, 24589 Nortorf (4 Überarbeitung, 5, 7 Gebietskarte, 14, 15 Überarbeitung, 17, 18, 21, 22, 23 Überarbeitung, 24, 29, 32, 35)

• Text und Bilder zum Gebiet Nr. 7 (Graswarder Heiligenhafen) wurden freundlicherweise von dem Landesnaturschutzbeauftragten des Landes Schleswig - Holstein und Betreuer des Gebietes , Herrn Klaus Dürkop, zur Verfügung gestellt.

• Naturschutzverbände und sonstige Institutionen

Arbeitsgemeinschaft Geobotanik in Schleswig-Holstein und Hamburg (9, 14, 17, 32), Bund für Umwelt und Naturschutz Deutschland e.V. (3, 5, 25) Forstverwaltung Rixdorf (30), Gemeinde Ratekau (20), Gemeinde Seedorf (24), Gemeinde Timmendorfer Strand (1), Hansestadt Lübeck – Untere Naturschutzbehörde und Stadtwald Lübeck (21, 27, 31), Kreis Herzogtum Lauenburg – Untere Naturschutzbehörde (3, 25, 31), Integrierte Station Eider-Treene-Sorge und Westküste, Bergenhusen (2, 4), Kreis Dithmarschen – Untere Naturschutzbehörde (4, 5, 13, 35), Kreis Herzogtum Lauenburg – Untere Naturschutzbehörde (3, 18), Kreis Nordfriesland – Untere Naturschutzbehörde (2, 14), Kreis Ostholstein – Untere Naturschutzbehörde (1, 7,12, 16, 20, 32), Kreis Pinneberg – Untere Naturschutzbehörde (10), Kreis Plön – Untere Naturschutzbehörde (11, 15), Kreis Rendsburg-Eckernförde – Untere Naturschutzbehörde (6, 22, 23), Kreis Schleswig-Flensburg (8, 9,17, 28), Kreis Segeberg – Untere Naturschutzbehörde (24), Kreis Steinburg – Untere Naturschutzbehörde (19), Kreis Stormarn – Untere Naturschutzbehörde (26), Landeshauptstadt Kiel – Untere Naturschutzbehörde (22), Landesjagdverband Schleswig-Holstein e.V. (4, 6, 24), Markus-Böger-Stiftung, Plön (30), NABU Schleswig-Holstein (6, 8, 11, 12, 15, 16, 19, 22, 23, 29, 33, 35), Naturparkverwaltung Lauenburgische Seen (31), Natur Plus e. V. Panten (18), Naturschutzverein Hasloh/Quickborn zur Rettung der Moore (10), Naturschutzverein im Amt Langballigau e. V. (28),

Peter Todt, Buchholz (13), Stadt Ahrensburg (26), Stadt Flensburg – Untere Naturschutzbehörde (29), Stadt Neumünster – Untere Naturschutzbehörde (33), Unabhängiges Kuratorium Landschaft Schleswig-Holstein (6), Verein für Naturschutz und Landschaftspflege – Mittleres

Nordfriesland (2), Verein Jordsand zum Schutze der Seevögel und der Natur e. V. (26)

• Mitarbeiterinnen und Mitarbeiter des Landesamtes für Landwirtschaft, Umwelt und ländliche Räume des Landes Schleswig-Holstein

Josef Beller (19, 21), Angelika Bretschneider (6, 8, 10, 15, 20, 23, 24, 35), Jochen Brumloop (1 bis 35), Marinus van der Ende (1, 14, 17, 32), Volker Hildebrandt (5, 9, 11, 15, 22, 28, 29, 30, 33), Martina Kairies (3, 12, 18, 25, 26, 27, 31), Nils Kobarg (23), Olav Krasmann (4, 5, 23), Andrea Kühl (4, 15), Beate Lezius (2, 4, 34), Dr. Henning Thiessen (7), Dr. Eberhardt Tschach (13, 16)

• Stiftung Naturschutz Schleswig-Holstein

Die Stiftung Naturschutz Schleswig-Holstein trägt mit ihrem Flächenerwerb maßgeblich zur Umsetzung der Naturschutzziele in folgenden Gebieten bei: 1, 2, 3, 4, 5, 6, 8, 9, 11, 12, 13, 15, 16, 17, 18, 19, 23, 25, 28, 32, 34). Bei der Gestaltung der Texte, Karten und Bilder für diese Gebiete ist die fachliche Beratung durch die Stiftung Naturschutz mit eingeflossen.

• Kartengrundlagen

Die Veröffentlichung der einzelnen Gebietskarten erfolgte mit Genehmigung des Landesvermessungsamtes Schleswig-Holstein (DTK5 © LVermA S-H) und des Landesamtes für Innere Verwaltung Mecklenburg-Vorpommern (© Geobasisdaten – Karten und Luftbilder). Für die Abbildung der Historischen Karten liegt die Genehmigung des dänischen Ministeriums für Kort & Matrikelstyrelsen vor (© Kort & Matrikelstyrelsen A.124/02).

Ein besonderer Dank

geht an alle, die mit vielfältigen Informationen zu den Schutzgebieten, kostenloser Überlassung der Fotos, kritischer Durchsicht von Texten und konstruktiven Ideen wesentlich zur Erstellung dieses Buches beigetragen haben.

Besonderer Dank gilt Kerstin Klinger und Garnet Hofmann für die Gestaltung der Übersichtskarten im Umschlag des Buches und Olav Krasmann, der das gesamte Buch-Projekt mit Rat und Tat begleitet hat und dessen tatkräftige Unterstützung ganz wesentlich zum Gelingen der Buchveröffentlichung beigetragen hat.

SONDERTHEMEN

BILDAUTOREN/INNEN

Arn	Hansgeorg Arndt	NABU	NABU Schleswig-Holstein
As	Hans Asmussen	NABUWa	NABU Wallnau
Aug	Hans-Joachim Augst	Nil	Nill/linnea images
AVJ	Archiv Verein Jordsand	Nis	Dr. Rainer Niss
Be	Hauke Behr	PA	Dr. Walter Petersen-Andresen
Bew	Julie Bewersdorff	Pe	Erich Petersen
Boe	Horst Boedler	PeS	Dr. Sabine Petersen
Bre	Dr. Kuno Brehm	Pet	Dr. Siegfried Petzel
Bru	Jochen Brumloop	PeW	Wolfgang Petersen
Dü	Klaus Dürkop	Ra	Christoph Rabeler
GDel	Gemeinde Dellstedt	Rei	Dr. Detlef Reise
Gnä	Jochen Gnärig	Rös	Kai Rösick
Gre	Heiko Grell	Rut	Hans Rutar
Hec	Frank Hecker	Schlie	Andreas Schliephake
He	Susanne Henke	SN	Stiftung Naturschutz Sch.-H
Hey	Fritz Heydemann	Sei	Wulf Seiler
HL	Hansestedt Lübeck	Ste	Reimer Stecher
Kai	Martina Kairies	Step	Thomas Stephan
Kem	Wilfried Kempe	Stg	Thorsten Stegmann
Knö	Hans Knöll	Thi	Dr. Henning Thiessen
KPD	Kulturverein Pahlen-Dörpling	Tie	Tiedemann
KOS	Kosmos-Verlag	Ths	Heinrich Thomsen
LLUR	LLUR-Archiv	Tor	Klaus Tormählen
LB	Landesbildstelle	Ver	Hans Vermehren
Lez	Beate Lezius	vdE	Marinus van der Ende
Mes	Mestel	Voi	Norbert Voigt
Mo	Holger Mordhorst	Wal	Jutta Walter
Mor	Morsch	We	Klaus Wernike
Mus	Michael Muszeika	Wie	Dr. Vollrath Wiese
		Zim	Dr. Horst Zimmermann

Umschlag:

Eisvogel mit Beute, Eisvogel auf Angel (Hec), Fieberklee (Bre), Holnis Steilküste (Knö), Hauhechel-Bläuling (Schlie), Koniks (Ste), Kinder auf Entdeckungstour (LLUR)